Confiance, nouvelles technologies et géopolitique dans un monde incertain

Pascaline Gaborit

Confiance, nouvelles technologies et géopolitique dans un monde incertain

PETER LANG
Bruxelles · Berlin · Chennai · Lausanne · New York · Oxford

Informations bibliographiques publiées par la Bibliothèque nationale allemande
La Bibliothèque nationale allemande répertorie cette publication dans la Bibliographie nationale allemande; des données bibliographiques détaillées sont disponibles en ligne à l'adresse suivante : http://dnb.d-nb.de.

Le livre a été écrit à la suite de projets financés par l'Union Européenne.
CRIC : Climate Resilient and Inclusive Cities – et AI4DEBUNK
Ce dernier projet dont certains résultats de recherche apparaissent dans l'ouvrage a reçu un financement de l'Union européenne Horizon Europe dans le cadre de la convention de subvention N°101135757. Les points de vue et opinions exprimés dans cet article sont ceux de l'auteur uniquement et ne reflètent pas nécessairement ceux des partenaires du projet, de l'Union européenne ou de la Commission européenne. Ni les partenaires du projet ni la Commission européenne ne peuvent être tenus responsables de ces points de vue et opinions. Cet ouvrage ne constitue pas un livrable de projet.

ISBN 978-3-0343-4890-4 (Print)
E-ISBN 978-3-0343-4891-1 (E-PDF)
E-ISBN 978-3-0343-4892-8 (E-PUB)
DOI 10.3726/b22875
D/5678/2025/19

publié par P.I.E. PETER LANG s.a., Bruxelles (Belgique)
info@peterlang.com

Cette publication a été évaluée par des pairs.
www.peterlang.com

Table des matières

Contributions et remerciements

Ce livre a été écrit avec l'aide de deux contributeurs ou assistants de recherche **V. Rao et Joen Martinsen** que je remercie pour leur aide ainsi que pour leurs contributions agiles et pertinentes.

Je remercie les équipes de projet, les membres du conseil d'administration de Pilot4dev pour leurs apports précieux et mes enfants et mon compagnon pour leur soutien. Un grand merci à mes relecteurs.

Le livre a été écrit grâce au croisement de la recherche et de l'analyse de différents projets, dont certains financés par l'Union Européenne: **CRIC** Climate Resilient and Inclusive Cities et **AI4DEBUNK** Convention de subvention N° 101135757.

Les points de vue et opinions exprimés dans cet article sont ceux de l'auteur uniquement et ne reflètent pas nécessairement ceux des partenaires de projet, de l'Union européenne ou de la Commission européenne. Ni les partenaires du projet ni la Commission européenne ne peuvent être tenus responsables de ces points de vue et opinions. Cet ouvrage ne constitue pas un livrable de projet car il est le résultat du croisement de différentes analyses et recherches.

L'Intelligence Artificielle a été utilisée de la manière suivante : vérification des informations, image de couverture, recherche d'éléments de contexte, aide à la reformulation, à la structuration des phrases et traduction.

Introduction

La confiance, ce concept ambigu, dans un monde multipolaire

Imaginez un monde sans confiance, un monde de peur et d'insécurité, dépourvu de règles et de certitudes. Vivre dans un tel monde serait infernal. La société s'effondrerait et la simple survie deviendrait un combat. À l'inverse, imaginez un monde où la confiance dans le système est entière, acquise et inébranlable … cela ressemblerait à un régime totalitaire, liberticide pour l'individu voire mortifère. Sans appréhension pour les risques et les dangers, les individus deviendraient manipulables à merci et moins conscients des dangers. Ils se transformeraient en oies dociles et candides. C'est pourquoi la confiance n'est pas un idéal à atteindre … c'est un paramètre, un concept et un facteur qui permet d'analyser les questions complexes.

La confiance est un concept ayant plusieurs sens (polysémique) et de multiples facettes (kaléidoscopique). Dans l'usage courant, la confiance peut se référer aussi bien à des sentiments et à des affects qu'à la crédibilité d'une personne, d'une institution ou même d'une monnaie. Le processus d'interdépendance mondiale requiert de la confiance en tant que condition essentielle de la coopération et du commerce.

L'utilisation de plus en plus courante du terme de « confiance » est liée à la propagation de l'incertitude dans un monde moderne où les institutions sont en crise. Le déclin des explications magiques et religieuses, l'amélioration de l'éducation et l'augmentation du niveau de vie ont rendu la perception des risques plus difficile, augmentant ainsi l'importance de faire confiance.

La tradition, en créant des approches routinières, favorise un sentiment de confiance passive ou assurée. Au fur et à mesure que la tradition s'estompe, un nouveau type de confiance doit faire surface pour compenser l'incertitude.

La modernisation implique également de la confiance, en particulier dans la science et la technologie. Les individus doivent désormais compter sur divers moyens de transport, des dispositifs de sécurité et des avancées technologiques. La numérisation et la diffusion de nouvelles technologies à une vitesse inconnue d'ici lors, ont ajouté une couche supplémentaire à la complexité du monde moderne.

La confiance est fondamentale pour toute action coopérative individuelle ou collective. Il s'agit d'un processus d'acceptation de la vulnérabilité dans un contexte incertain.

Au-delà de ces aspects individuels, la confiance imprègne tous les domaines de l'activité humaine, de l'acquisition des connaissances à la gestion du pouvoir politique, administratif, scientifique et économique.

D'une part, le mot confiance pourrait être décrit comme une attente dont le résultat est presque certain. D'autre part, son opposé, le doute, serait l'émotion liée à l'expression de l'incertitude. Enfin, la confiance et son contraire, la méfiance, impliquent un principe actif, c'est-à-dire la recherche d'une stratégie d'action face à un avenir imprévisible. La confiance est donc une stratégie de simplification du réel qui permet aux individus de s'adapter à un environnement social complexe. La confiance est *également* particulièrement pertinente pour gérer des conditions d'ignorance ou d'incertitude face aux actions des autres. Enfin, la confiance fait partie de l'ordre social et contractuel entre les individus, permettant l'interaction et la coopération.

La fin des années 1990 a marqué l'effondrement du bloc communiste, l'ouverture à la démocratie et la diffusion de l'économie de marché, suscitant de nouveaux espoirs pour les sociétés civiles du monde entier (Fukuyama, 2005). Dans les années 2000 et 2010, des mouvements pro-démocratiques ont fleuri dans de nombreuses régions du monde : En Géorgie, en Ukraine, puis avec les printemps arabes (2010-2012) portés par des révolutions de jasmin à Hong Kong (2014) avec le mouvement des parapluies. Les mouvements pro démocratie et pour la liberté se sont même étendus en Iran et en Biélorussie. Peu de ces mouvements ont évolué vers la mise en place de systèmes démocratiques durables.

La *Révolution des Roses en Géorgie* a eu lieu en novembre 2003. Il s'agissait d'un mouvement de protestation pacifique qui a conduit à la démission du président Edouard Chevardnadze et à l'ascension au pouvoir de Mikheil Saakachvili. La révolution a été déclenchée par de nombreuses allégations de fraude électorale lors des élections parlementaires du 2 novembre 2003. Des manifestations massives, menées par des leaders de l'opposition et des organisations de la société civile, ont abouti à la démission de Chevardnadze le 23 novembre 2003. Ce mouvement s'est distingué par son caractère non violent et par l'usage symbolique des roses, représentant une transition pacifique du pouvoir. Il a marqué un tournant important vers des réformes démocratiques et un rapprochement avec l'Occident aujourd'hui mis à mal.

La *Révolution Orange en Ukraine* a eu lieu entre novembre 2004 et janvier 2005, à la suite de l'élection présidentielle frauduleuse de 2004. Elle a été marquée par une série de manifestations et d'événements politiques suite à de nombreuses allégations de fraude électorale en faveur de Viktor Ianoukovitch. En réponse, des manifestations de masse ont conduit à un nouveau vote en décembre 2004, aboutissant à la victoire de Viktor Yushchenko, le candidat de l'opposition. Elle constitue une exception notable comme elle a conduit à un changement de régime. **Le mouvement de Gezi en Turquie** est né en juin 2013 et fut un moment charnière dans l'histoire contemporaine de la Turquie. Déclenché initialement par l'opposition à un projet de réaménagement urbain visant à détruire le parc Gezi à Istanbul, il s'est rapidement transformé en un vaste soulèvement populaire contre la répression des libertés publiques. Ce mouvement, bien que réprimé a marqué l'émergence d'un mouvement pour les libertés fondamentales, en particulier parmi les jeunes et les classes moyennes. Depuis lors, la Turquie a connu d'autres vagues de contestation comme la vague de manifestations ayant eu lieu après l'emprisonnement du maire d'Istanbul Ekrem İmamoğlu le 19 mars 2025.

Les Printemps arabes ont eu lieu entre décembre 2010 et la mi-2012, bien que leurs effets se soient prolongés pendant plusieurs années. Ils ont commencé avec la Révolution tunisienne en décembre 2010, à la suite de l'immolation de Mohamed Bouazizi en signe de protestation contre la corruption gouvernementale et les violences policières. Le mouvement s'est rapidement propagé à travers le Moyen-Orient et l'Afrique du Nord (MENA), déclenchant des soulèvements, des manifestations et, dans certains cas, des guerres civiles dans des pays comme l'Égypte, la Libye, la Syrie, le Yémen et Bahreïn. Si certains régimes ont été renversés, d'autres ont réagi par la répression.

Le mouvement Occupy Central à Hong Kong, également connu sous le nom de Mouvement des Parapluies, a eu lieu en 2014. Il a débuté le 28 septembre

2014 et s'est poursuivi jusqu'au 15 décembre 2014. Les manifestations ont été déclenchées par la décision de Pékin d'imposer une présélection des candidats à l'élection du Chef de l'Exécutif de 2017, une mesure perçue par les militants comme une violation des principes démocratiques. Les protestataires ont occupé des zones clés de la ville pour réclamer le suffrage universel et une plus grande liberté politique.

Avec le *Mouvement Vert de 2009* et les manifestations *Femme, Vie, Liberté* de 2022, les militants et les militantes iraniens, les intellectuel(le)s et les citoyen(ne)s ont défié à plusieurs reprises le régime autoritaire, réclamant des libertés politiques, des droits humains et une gouvernance démocratique.

Les manifestants ont-ils surestimé leur capacité à défier les régimes oppressifs, accordant trop de confiance à leurs concitoyens et à leurs propres capacités ? Ou les nouvelles technologies ont-elles fondamentalement transformé les dynamiques du pouvoir, modifiant fondamentalement l'équilibre entre résistance et répression ?

Plus récemment, la multiplication des conflits armés depuis le début de la guerre d'agression contre l'Ukraine en février 2022 et au Moyen-Orient depuis 2023, avec des violations des droits de l'homme, a soulevé de nouvelles questions avec l'essor de technologies, capables de saper les principes démocratiques et l'État de droit. Les démocraties sont simultanément confrontées à des questions de confiance et de fiabilité alors que leurs fondements mêmes sont remis en cause par des récits polarisés et la montée des mouvements populistes. Les élections américaines de 2024 et l'investiture de Donald Trump ont provoqué une onde de choc à travers le monde, soulevant des questions sans précédent.

Sommes-nous en train d'assister à un grand retour en arrière pour les démocraties, et pour la stabilité mondiale ? Le monde est-il de plus en plus fragmenté ? Sommes-nous entrés dans un monde d'incertitudes où les gardiens du droit international ont perdu leur autorité ? Est-ce que les relations internationales vont se résumer à un rapport de force entre les grandes puissances ? Enfin, quel sera l'avenir des sociétés civiles dans un jeu d'échecs où elles sont de plus en plus ignorées quand elles ne sont pas manipulées ?

Selon les experts, le monde « s'est ancré dans les risques géopolitiques ». Les tensions s'intensifient, tandis que la guerre d'agression russe contre l'Ukraine depuis 2022 a accru les risques géopolitiques et la division du monde en plusieurs blocs. Peu de solutions durables semblent émerger de cette escalade des risques. L'énergie et le climat continuent d'être des questions polarisantes, les progrès mondiaux en matière de transition énergétique étant insuffisants (S&P2024). Le changement climatique est de plus en plus préoccupant, car les efforts coordonnés pour respecter l'Accord de Paris, ainsi que le mouvement mondial pour les objectifs de développement durable semblent être remis en cause par des tensions et une méfiance croissantes (chapitre 4). La situation est encore plus préoccupante depuis la décision des États-Unis de se retirer de l'Accord de Paris. La mondialisation en tant que moyen d'apporter la paix et la prospérité est de plus en plus remise en question depuis les pandémies de Covid. L'année 2024 a parfois été ressentie comme un moment charnière, alors que l'équilibre du pouvoir mondial semble basculer sur son axe : Les conflits, les tensions commerciales et les turbulences économiques contribuent à rendre le cadre géopolitique mondial plus incertain (WEF, 2024).

L'histoire a été façonnée par des batailles, des révoltes, des révolutions et des évolutions. Le XXe siècle a été marqué par deux guerres mondiales, l'opposition de deux blocs pendant la guerre froide et la course aux armes nucléaires et thermonucléaires. Ces événements ont défini une ère de conflits intenses et de progrès technologiques rapides visant à acquérir une supériorité militaire et idéologique. Bien que plus pacifique en apparence, le XXIe siècle se caractérise par l'incertitude, la montée des puissances multipolaires et la diffusion de nouvelles technologies capables de contrôler les citoyens et les esprits. Jamais dans l'histoire, il n'a été possible de contrôler les populations de manière aussi efficace et absolue. Des instruments tels qu'Internet, créés pour renforcer la liberté et faciliter la communication, ont été transformés en outils de pouvoir par des gouvernements et des acteurs malveillants. Les attaques hybrides sont de plus en plus graves et fréquentes et sont utilisées comme un outil géopolitique au même titre que d'autres nouvelles technologies (chapitre 2). L'ordre stable et coopératif des deux dernières décennies semble avoir été remplacé par « un paysage plus turbulent et fragmenté » (WEF, 2024). La désinformation apparaît également comme une menace importante (chapitre 3), tandis que le changement climatique et les objectifs de développement durable subissent un contrecoup dans leur mise en œuvre (chapitre 4). Une analyse de la confiance peut certainement nous aider à comprendre les moyens possibles de sortir des différentes crises (chapitre 5).

Mais face à un monde plus fragmenté, les experts reconnaissent que la méfiance est l'un des points de départ de la situation actuelle, à savoir un contexte de tensions croissantes à l'échelle mondiale : « Le point de départ doit être de reconnaître que la méfiance est, à court et moyen terme au moins, une caractéristique intégrée de la réalité géopolitique (…) Pour réduire les risques présentés par un monde fracturé, la communauté internationale doit endiguer la méfiance afin qu'elle ne dégénère pas en conflit » (WEF, 2024). Mais comment creuser la complexité de la confiance et de la méfiance dans la situation géopolitique actuelle ? Comment utiliser et paramétrer l'analyse de la confiance pour comprendre les tendances et les situations actuelles dans les relations internationales ?

Confiance et incertitude ou changement et transformation

Comme nous l'avons vu précédemment, le sentiment que « l'ordre international coopératif est remplacé par un paysage mondial plus turbulent et plus fragmenté » est de plus en plus répandu. La numérisation et les nouvelles technologies transforment le monde. Cela signifie-t-il que la confiance sera désactivée ou transformée en un phénomène kaléidoscopique ? La confiance entre les acteurs se transformera-t-elle en une réalité schizophrénique face à toutes les guerres invisibles liées au commerce et aux cybermenaces ? (Gomart, 2020).

Pour Barber, la confiance est représentée par les attentes que les acteurs sociaux ont les uns envers les autres. Ces attentes impliquent la croyance que les transactions sociales permettent la continuation et l'accomplissement d'un ordre moral et social considéré comme naturel (Barber, 1983). L'État de droit est une des conditions de la démocratie : il organise la compétition politique (en la sécurisant) et réduit les tentatives de pouvoir arbitraire (Sa'adah, 2006 : 305).

La société est le résultat de ses décisions, qui renvoient elles-mêmes à des discussions, des conflits et des transactions par lesquels se poursuivent, de manière toujours provisoire et instable, des changements qui vont dans le sens d'une plus grande diversification, d'une flexibilité croissante, d'un relâchement des normes, des systèmes symboliques et des contraintes sociales (Touraine, 1973).

Les sociétés d'Europe occidentale, telles qu'elles ont été étudiées par les sociologues Emile Durkheim, Georg Simmel, Maurice Halbwachs et Norbert Elias[1], semblent avoir beaucoup en commun, précisément en raison de la

[1] A la fin du XIXe siècle et au XXe siècle

rapidité des changements sociaux vécus. Les sociétés occidentales ont par ailleurs subi des transformations majeures au cours des sept dernières décennies, avec l'atténuation de catégories de référence qui paraissaient intangibles telles que les classes sociales, les familles nucléaires et les rôles figés des hommes et des femmes. Avant les années 1960, chacun semblait vivre dans la sécurité des liens sociaux, connaissant personnellement ses amis et ses ennemis, et avec des sanctions importantes pour ceux qui trahissaient les règles, et ceci a perduré au cours des décennies suivantes malgré les bouleversements sociaux des années 70. Dans les sociétés contemporaines, et plus encore avec l'émergence de l'ère numérique, le défi majeur est que chacun est confronté à des inconnus, à des communautés en ligne gérées par des algorithmes et à des foules anonymes. Il est donc plus difficile de calculer les attentes des autres.

Dans des sociétés marquées par le risque et l'incertitude, les individus et les groupes délèguent de plus en plus leur confiance à des experts et à des spécialistes. Cependant, à mesure que les catégories sociales évoluent – en particulier la distinction entre « nous » et « les autres », et que les relations deviennent plus fluides, le besoin de confiance sociale devient d'autant plus crucial. Or, cette confiance est souvent fragilisée, comme en témoigne la montée des nationalismes, des populismes et des mouvements polarisants en Europe, alimentés par la méfiance et la contestation.

En effet, il est possible d'affirmer que les effets des transformations économiques, juridiques et sociales modifient concrètement et parfois bouleversent les relations entre les groupes et les individus, sapent les hiérarchies et ébranlent les autorités. La numérisation des sociétés a entraîné une nouvelle révolution, comme nous le détaillerons dans le chapitre 3. Ces changements ne passent pas inaperçus pour ceux qui les subissent et s'accompagnent de transformations économiques, d'inégalités sociales, d'exclusion sociale et d'inflation économique.

Toute transformation a des rythmes et des effets différents, et nous connaissons des changements rapides, notamment avec l'essor de l'IA et les défis climatiques, comme nous le verrons dans les chapitres 3 et 4. Toute horloge de la transition a trois rythmes différents *:* l'heure du juriste est la plus courte *:* les changements juridiques peuvent être mis en œuvre en quelques mois. L'heure de l'économiste est plus longue. Mais l'heure la plus longue est celle du citoyen, qui doit transformer des habitudes intériorisées, des attitudes mentales, des codes culturels, des systèmes de valeurs et des discours. Cela peut prendre plusieurs années (Dahrendorf, 1990 : 3).

Le 25 mars 2007, Angela Merkel a déclaré à propos de l'Union européenne, lors de son discours sur les 50 ans du traité de Rome : « *Construire la confiance prend du temps, la détruire prend un instant* »[2]. « La confiance est difficile à créer et facile à détruire » (Sa'adah, 2006 : 321). La construction de la confiance dans la sphère institutionnelle publique est-elle une affaire de long terme, et la destruction de la confiance plutôt une affaire de court terme ? Avant tout, la confiance peut-elle être détruite ? Ou bien la confiance est-elle un besoin humain inhérent qui ne peut être détruit, mais qui évolue en fonction des représentations ?

En attendant, la question de la confiance dans les institutions démocratiques et celle de la confiance dans la gouvernance internationale constituent des défis majeurs, qui seront abordés dans le chapitre 1.

La communauté internationale : un équilibre subtil entre la confiance et les attentes

Dans le nouveau monde fragmenté, ou « désordre mondial », les questions des objectifs de développement durable et du climat relancent la question du rôle de la communauté internationale actuelle. La communauté internationale est encore largement représentée par l'Organisation des Nations-Unies (ONU), malgré les critiques récentes sur les impacts des divisions du monde sur le conseil de sécurité. La confiance dans la communauté internationale dépasse le niveau local, dans un équilibre tangentiel entre indépendance et ingérence, entre attentes et résultats, entre populations et acteurs.

Le rôle des acteurs de l'ONU a été décrit en ces termes :

> Où qu'il aille, il est comme prisonnier des attentes que ces populations mendiantes nourrissent à l'*égard des Nations Unies et de cette fiction exaltée qu*'est la communauté internationale. Ces attentes légitiment son organisation, elles sont sa raison d'*être. Et pourtant, d*'une manière ou d'une autre, il tente en vain de réduire ces attentes, de contenir cette déception inévitable, de forcer les gens à redécouvrir leurs propres possibilités.[3]

[2] Déclaration citée dans le journal *Le Monde*, 29 mars 2007, p. 2 et pour la version anglaise « *Building Trust takes decades, but it can be undermined overnight.* ». Elle rappelle ainsi l'intérêt d'un effort commun des Etats-Membres de l'Union européenne pour renforcer la cohésion et les valeurs de l'Europe. https://acrobat.adobe.com/id/urn:aaid:sc:EU:f2279027-e1cd-44b1-81de-0b0efdcc7fd9.

[3] Ignatieff, M. (2001).

Kant, en proposant un forum de représentation des États, a été extrêmement visionnaire sur la possibilité d'un dialogue international pour la paix, toujours d'actualité au sein des organisations internationales telles que l'ONU (Kant, 1795). Mais dans la pratique, comme toute organisation, l'ONU est confrontée à des luttes de pouvoir et aux intérêts contradictoires de ses membres et d'autres acteurs. L'extension des membres permanents du conseil de sécurité à des pays comme l'Inde ou la représentation de l'Union européenne restent encore à des étapes balbutiantes[4]. De plus, l'organisation a parfois du mal à affirmer avec force ses décisions, qui ne sont que le résultat de compromis. Enfin les coupures drastiques énoncées par l'administration de Donald Trump aux États-Unis risquent de sonner le glas d'un fragile équilibre.

Mais la confiance dépend aussi des attentes des personnes et des communautés. Créer des attentes de la part de la population, comme de la part des acteurs, peut finalement aussi être préjudiciable à la confiance.

La fermeture de l'agence USAID est aussi extrêmement problématique : Dans une tentative radicale de réduire le déficit budgétaire américain, l'administration Trump, accompagnée du Département officieux des Dépenses Gouvernementales (DOGE) dirigé par Elon Musk, a en effet entrepris de démanteler l'agence USAID – mettant presque tous les employés en arrêt forcé et gelant les programmes d'aide étrangère. Le personnel de sécurité a interdit aux employés de l'agence d'accéder à leurs bureaux, plongeant ainsi des milliards de dollars d'aide étrangère dans l'incertitude et stoppant net certains efforts humanitaires essentiels dans de nombreux pays. Des décisions de justice à ce sujet sont en cours, mais le mal pourrait être fait.

Précédemment pourtant bien parties, les discussions de la COP29 (conférence intergouvernementale sur le climat) à Bakou en novembre 2024 portant

---

4 Le *Conseil de sécurité des Nations Unies (CSNU)* a été créé en 1945, après la Seconde Guerre mondiale, en tant qu'un des six principaux organes de l'Organisation des Nations Unies (ONU), chargé de maintenir la paix et la sécurité internationales. Il comptait initialement 11 membres, mais sa composition a été élargie à 15 membres en 1965. Le Conseil est composé de cinq membres permanents (P5) – la Chine, la France, la Russie (anciennement l'Union soviétique), le Royaume-Uni et les États-Unis – qui disposent d'un droit de veto, ainsi que de dix membres non permanents élus pour un mandat de deux ans. Au fil des décennies, le CSNU a joué un rôle clé dans la résolution des conflits, les opérations de maintien de la paix et l'imposition de sanctions, bien qu'il ait souvent été critiqué pour ses déséquilibres de pouvoir, son inaction due à l'utilisation du veto et son absence de réforme.

sur le financement d'un mécanisme de solidarité climatique ne se sont pas soldées par un succès et avaient à l'inverse exacerbé les tensions et diminué la confiance dans le processus de négociations sur le climat[5]. Les « saboteurs des négociations climatiques », liés ou non à l'industrie des combustibles fossiles, ont réduit le sujet à une transaction financière comme une « pensée magique », comme si l'argent seul pouvait apporter des récoltes prospères, arrêter le changement climatique et conduire spontanément à la construction d'infrastructures et d'hôpitaux.

Inversement, l'instrumentalisation de la communauté internationale par les acteurs politiques en particulier peut renforcer certains acteurs, par exemple lorsque ceux-ci utilisent les actions de la communauté internationale pour les détourner à leur avantage ou pour dénoncer ses faiblesses. Enfin, soyons honnêtes, même l'économie dépend de la confiance.

Confiance et économie

« *La confiance ne s'achète pas sur un marché* » (Arrow, 1974)

La notion de confiance est apparue pour la première fois en économie. Au début des années 1970, les économistes ont commencé à examiner le rôle de la confiance dans l'économie. Ils ont constaté que les calculs rationnels ne pouvaient à eux seuls expliquer la coopération. Prenons l'exemple d'un scénario de théorie des jeux dans lequel les individus Albert et Bernard échangent des objets (une montre contre une chaise) : Bernard pourrait maximiser son

[5] La Conférence des Nations Unies sur le climat de 2024 (COP29) à Bakou, en Azerbaïdjan, s'est conclue par un accord prévoyant 300 milliards de dollars d'aide annuelle d'ici 2035 pour aider les pays en développement à faire face aux impacts du changement climatique. Cependant, ce montant est bien en deçà des 1 300 milliards de dollars par an réclamés par ces pays, entraînant un large mécontentement.
Les négociations ont été compromises par des tensions géopolitiques, notamment les résultats récents de l'élection présidentielle américaine, qui ont soulevé des doutes sur l'engagement futur des États-Unis en matière de climat. L'image du pays hôte, fortement dépendant des énergies fossiles et critiqué pour son bilan en matière de droits humains, a également affaibli la confiance dans le processus.
Ces éléments combinés ont conduit à la perception que la COP29 a échoué à produire des engagements ambitieux, tant en matière d'action climatique que de financement, indispensables pour lutter efficacement contre le réchauffement global.

profit en gardant les deux objets et en refusant de donner la chaise après avoir reçu la montre. La tricherie est donc plus avantageuse que la coopération, tandis qu'Albert est confronté à un risque de perte trop important en donnant sa montre en premier. Bien que la signature d'un contrat puisse réduire le risque pour Albert, le fait même qu'un juge fasse respecter le contrat n'entre pas dans le cadre des explications de la vie économique fondées uniquement sur le calcul économique rationnel (Laufer, 2000).

Comment expliquer alors l'échange, la coopération et le commerce ? C'est ici que la réputation entre en jeu. Bernard est incité à coopérer pour conserver une bonne réputation et poursuivre ses échanges avec Albert (Kreps, 1990). Cependant, la réputation elle-même n'est pas un concept économique – elle est fondamentalement sociale.

La confiance en termes économiques et sociaux a également été théorisée par Arrow en 1974, qui l'a décrite comme un lubrifiant nécessaire aux relations sociales (Arrow, 1974). Dans les études sur les districts industriels et innovateurs réalisées dans les années 1990, la confiance a été considérée comme un produit de base qui permet et maintient la solidarité entre les acteurs (Hanssen, 1992 : 71). Cette métaphore de la confiance comme ciment ou comme colle rend compte de sa nature contraignante. Si le comportement coopératif économique reste essentiel pour comprendre la confiance, la relation entre la confiance et la coopération pose le dilemme de l'œuf et de la poule : le besoin de confiance conduit-il à la coopération, ou le besoin de coopération crée-t-il la confiance ?

L'idée de confiance économique est désormais entrée dans le langage courant. Il est intuitivement admis que la vie économique nécessite de la confiance.

Le système économique fait intervenir de nombreux acteurs et mécanismes – notamment la valeur monétaire, les taux bancaires et la croissance – pour lesquels l'information n'est pas toujours transparente pour les principaux acteurs concernés. Dans de telles circonstances, la confiance dans les bénéfices à long terme du système permet de combler ce manque d'information. La crise des subprimes de 2008 a montré comment la confiance et la méfiance peuvent avoir un impact significatif sur les marchés financiers et influencer l'économie mondiale. Au cours de la dernière décennie, en particulier depuis la pandémie de COVID-19, la confiance dans la mondialisation s'est érodée, entraînant des conflits commerciaux et une résurgence de la « préférence nationale ». Cette évolution a eu un impact profond sur les relations internationales. Pour utiliser une image, la situation s'est cristallisée lorsque les acteurs ont réalisé qu'il n'y aurait pas assez de masques pour tout le monde (et plus tard pas assez de vaccins) ... et que l'argent et les rapports de force ne résolvaient plus à eux seuls la question des chaines d'approvisionnement. Pour résumer, est-ce que le monde occidental et les pays tiers pouvaient se permettre de dépendre autant de la Chine et continuer à faire confiance aux chaines d'approvisionnement dans un système qui sert de socle à la mondialisation ?

Confiance et relations internationales

Le thème de la confiance et des relations internationales est de plus en plus étudié comme un sujet important (Kydd, 2005, Haukkala et al., 2018, Willet et al., 2023). Mais peu d'auteurs sont allés au-delà des questions de confiance interpersonnelle entre les dirigeants mondiaux (Brewer, 2017). Cette analyse de la confiance entre leaders était prépondérante pendant la guerre froide et permettait de guetter le moindre signe de tension ou d'apaisement dans les déclarations publiques et dans l'attitude des gouvernants. Loin d'être périmée, cette analyse des relations de confiance pourrait permettre d'étudier les relations de confiance et de méfiance passées, à venir et futures entre les présidents Donald Trump et Vladimir Poutine notamment concernant les négociations sur l'Ukraine, ou même entre Elon Musk et Donald Trump après la formation du gouvernement américain en janvier 2025.

Exemple de comment la confiance interpersonnelle peut avoir un impact sur l'exercice du pouvoir et les relations internationales

L'exemple le plus connu de l'impact de la confiance interpersonnelle sur les relations internationales est la relation **entre le président américain Ronald Reagan et le dirigeant soviétique Mikhaïl Gorbatchev pendant la Guerre froide**. Leur complicité et leur confiance mutuelle ont joué un rôle crucial dans l'apaisement des tensions entre les deux superpuissances. Cette confiance a facilité les négociations qui ont conduit à d'importants accords de maîtrise des armements, comme le Traité sur les forces nucléaires à portée intermédiaire (FNI) de 1987.

Un exemple récent négatif de l'absence de confiance interpersonnelle cette fois-ci, peut être illustré par **la rencontre dans le Bureau ovale** à Washington D.C. entre le président ukrainien **Volodymyr Zelensky et** le président américain

Donald Trump le vendredi 28 février 2025 journée appelée par la suite « vendredi noir » pour l'Ukraine et pour le monde libre. Au cours de cet échange tendu, le président Donald Trump et le vice-président J.D. Vance ont ouvertement humilié et critiqué Zelensky, l'accusant d'exploiter le soutien américain, d'être habillé de manière inappropriée et d'être ingrat envers l'aide américaine. Cette réunion catastrophique sur le plan diplomatique a mis en évidence la fragilité de l'alliance transatlantique et du soutien américain à l'Ukraine.

En Fédération de Russie d'autres exemples plus récents sont perceptibles dans un climat de méfiance exacerbée. La relation entre *Vladimir Poutine et Evgueni Prigojine* était fondée sur des intérêts mutuels mais entachée d'une profonde méfiance, aboutissant finalement à la mort mystérieuse de Prigojine en août 2023. En tant que chef du Groupe Wagner, une force mercenaire responsable de crimes de guerre et servant les ambitions géopolitiques de la Russie, Prigojine était autrefois considéré comme un exécuteur loyal des intérêts du Kremlin, opérant en Ukraine, en Syrie et en Afrique. Cependant, les tensions ont monté lorsque Prigojine, par son ambition et ses déclarations publiques incendiaires, a commencé à défier l'autorité de Poutine. La mutinerie du Groupe Wagner en juin 2023, où Prigojine a mené ses forces dans une rébellion armée contre le commandement militaire russe, a révélé une faille dans l'édifice du président Vladimir Poutine. Bien que la révolte ait été rapidement stoppée par des négociations en coulisses, cette trahison a définitivement brisé la confiance entre les deux hommes. Si Prigojine a été temporairement autorisé à se replier, personne ne croyait réellement à sa sécurité. Deux mois plus tard, son jet privé a explosé en plein vol, un événement largement soupçonné d'être un assassinat orchestré par le Kremlin afin d'envoyer un message clair aux futurs dissidents. Cet épisode a renforcé l'image d'un Vladimir Poutine impitoyable, prêt à éliminer même ses plus fidèles alliés s'ils osent remettre en question son autorité. Cette saga illustre ainsi la brutalité et la paranoïa qui caractérisent les luttes de pouvoir au sein des régimes autoritaires et montre que la confiance interpersonnelle ne peut pas être exclue de l'analyse géopolitique.

Certains auteurs, mettent en lumière l'opposition entre la confiance psychologique et la confiance rationnelle (Michel, 2012, Michel, 2016, Haukkala et al., 2018), la première étant liée à l'attachement, l'histoire, et la seconde aux intérêts notamment stratégiques et énergétiques. Les partisans de l'école de la realpolitik se rapprochent de la nécessité d'une confiance rationnelle, fondée sur des objectifs quantifiables et précis, alors que les autres font davantage appel à la diplomatie, à l'image, à l'influence, à la culture et au soft power.

La géopolitique est l'étude de la manière dont la géographie, la politique, l'économie et la dynamique du pouvoir se croisent et influencent les relations mondiales et la prise de décision. Elle examine la manière dont la géographie physique et humaine, telle que les frontières, les ressources naturelles, les emplacements stratégiques et la démographie, façonne le comportement et les stratégies des États et des acteurs non étatiques sur la scène mondiale. La géopolitique s'intéresse à la concurrence, l'influence, le contrôle et la sécurité entre les nations. Elle est directement influencée par l'héritage historique, les liens culturels et les interdépendances économiques. Dans un monde de plus en plus interconnecté, la portée de la géopolitique s'étend au-delà des conflits territoriaux pour englober des questions telles que le changement climatique, la domination technologique, les cyber-conflits et la gestion des biens communs mondiaux, ce qui en fait un cadre essentiel pour comprendre les conflits internationaux et la coopération à une époque d'incertitude. C'est un vaste domaine pour étudier la confiance.

La théorie de la confiance aux théories des relations internationales oppose globalement 3 théories : (1.) la realpolitik où la confiance est avant tout sécuritaire, (2.) la théorie libérale où la confiance est l'apanage du commerce, et enfin (3.) la théorie constructiviste où la confiance appartient à un réseau de perceptions (Wheeler, 2011).

La confiance est paradoxale car elle est à la fois pragmatique (permettre la coopération) et, en ce sens, implique un calcul ou une anticipation, mais elle implique aussi une foi qui dépasse toute justification rationnelle (Giddens 1991, Möllering, 2001). La confiance peut être analysée à la fois sous l'angle de la théorie du choix rationnel (théorie du prisonnier, auteurs économiques libéraux) et d'un point de vue cognitif ou subjectif.

Une autre hypothèse de l'ouvrage qui sera développée ici est que les tensions internationales reposent sur des moments critiques de construction et de déconstruction de la confiance, et que les deux principales approches de la confiance (l'aspect rationnel et l'aspect subjectif ou cognitif) permettent d'appréhender différents aspects des conflits et d'en révéler différents mécanismes. Nous serions actuellement dans une période de destruction rapide de la confiance au niveau international, à un niveau inconnu depuis la fin de la guerre froide.

Il est aussi paradoxal qu'en situation de risque, le fait de faire confiance (c'est-à-dire d'agir comme si le risque était moindre ou inexistant) ajoute en fait un risque supplémentaire au premier risque (celui de minimiser le risque). Cette situation peut être illustrée par la position actuelle des membres européens de l'OTAN. En plaçant leur confiance dans l'alliance – en particulier dans l'article 5, qui établit un mécanisme de solidarité pour la défense collective en cas d'attaque – ils risquent de devenir dépendants de ce cadre. Cette dépendance peut les amener à négliger le renforcement de leurs propres capacités, ce qui pourrait les rendre vulnérables dans des situations d'attaque où le soutien de l'alliance est retardé, empêché ou limité.

En faisant confiance, nous pouvons substituer un nouveau risque à l'ancien (Sztompka, 1999). Ceci explique que, dans une situation de tension ou de conflit, cette prise de risque (ou « *suspension* » de la confiance – Möllering, 2001) soit considérée comme trop élevée pour être prise en compte.

La confiance pourrait éradiquer les doutes et la peur, et en ce sens, comme le dit Anthony Giddens, elle serait une « *confiance aveugle* » ou naïve. La résolution des tensions et les systèmes institutionnels démocratiques sont plus susceptibles d'impliquer un type de confiance complètement différent, à savoir la confiance conditionnelle, qui accorde le bénéfice du doute mais peut être reprise à certains moments (Lebow). Selon Lebow, même les auteurs rationalistes en relations internationales considèrent que la dissuasion est basée sur l'espoir que les ennemis ne feront pas usage d'armes nucléaires, et que la stratégie de dissuasion peut être appliquée (Lebow, 2013). Les réalistes décrivent le système international comme anarchique, sans normes intégrées. Ils reconnaissent néanmoins que la confiance est au cœur des stratégies visant à dissuader et à contraindre certains comportements dans les relations avec les alliés comme avec les ennemis. Les États cibles doivent « croire que vous mettrez vos menaces à exécution s'ils n'agissent pas comme vous l'exigez » (Wheeler 2011, Lebow, 2013). Cela s'applique également à l'ordre géopolitique fragmenté actuel, où les « points chauds » représentent des zones de tensions avec un risque d'escalade nucléaire (Ukraine, Moyen-Orient, Corée). La situation actuelle va à l'encontre de la théorie libérale de l'émergence d'un ordre international caractérisé par l'échange et le commerce dans un environnement relativement pacifique et stable. Mais comme nous l'avons vu, les relations internationales sont marquées par des moments de construction et de déconstruction de la confiance. Les récents évènements semblent indiquer que nous sommes dans une phase de déconstruction rapide.

Il est aussi important de prendre en compte ce que Wheeler appelle le « dilemme de la sécurité » dans les relations internationales, marquées notamment par un risque d'utilisation d'armes nucléaires, chimiques, thermodynamiques ou biologiques. Il décrit ce dilemme de la sécurité comme le fait que pour accroître sa sécurité, les États vont entamer des actions (par exemple d'armement) qui peuvent être mal interprétées, créant un risque d'escalade. Il souligne la nécessité de tenter de percevoir les motifs qui sous-tendent les intentions militaires des autres et de faire preuve de réactivité face à la complexité potentielle de ces intentions. Cela renvoie également à la capacité de comprendre le rôle que la confiance et la peur peuvent jouer dans l'attitude et le comportement des autres états, y compris, de manière cruciale, le rôle que sa propre action peut jouer en provoquant confiance ou peur. (Wheeler, 2011). La stratégie *de « choquer » et « faire peur » ou « shock and awe* » de Donald Trump pourrait s'inscrire en ce sens. Toutefois, cette stratégie semble ignorer totalement les réactions des autres pays, comme en témoigne l'incompréhension de plusieurs pays face à des déclarations intempestives.

Le dilemme de la sécurité permettrait la mise en place d'un équilibre stable, ainsi que d'expliquer l'équilibre de la terreur (lié à la possible utilisation d'armes nucléaires pendant la guerre froide). Mais dans la course à la guerre hybride que nous connaissons actuellement … il se pourrait que les rapports de force aient changé et qu'il y ait moins de transparence sur les arsenaux militaires des grandes puissances notamment en raison d'une course aux nouvelles technologies peu transparente, et qu'il devienne compliqué de percevoir les intentions et les capacités des autres états. Cette perte d'un équilibre entre sécurité et stabilité va entraîner des escalades aux conséquences difficilement prévisibles

Le type de confiance est protéiforme et dépend du type de relation, mais la confiance est nécessaire à toute coopération entre individus et entre groupes (Luhmann, 1979, Seligman, 1997, Hardin, 2004, Forsberg 2018). Comme nous avons pu l'imaginer en début de notre introduction, sans confiance, il n'y a pas de vivre ensemble, pas de coopération, pas de commerce. Mais la confiance repose aussi sur des sentiments et des interprétations subjectifs. Elle se fonde sur des croyances, des attitudes, des sentiments et des attentes

(Vuorelma, 2018, Haukkala, 2018, Forsberg, 2018). Dans les cas de méfiance extrême, chaque geste, déclaration et action est interprété comme non sincère ou manipulateur. Cette méfiance affecte toute possibilité de dialogue, de coopération et d'action commune.

Bien qu'il soit difficile de choisir une définition unique, nous proposons notre propre définition de la confiance pour cet ouvrage :

> La confiance est un concept à multiples facettes : c'est (1) un sentiment qui permet l'échange et la coopération, (2) un mécanisme permettant de réduire la complexité sociale et de faire face à l'incertitude, et (3) un processus mental qui nous permet d'accepter ou d'ignorer les risques et les dangers.

Objectif et structure du livre

Notre intention dans ce livre est d'aller au-delà de l'étude de la confiance en tant que concept, mais de l'appliquer aux tendances actuelles des relations internationales : fragmentation, incertitudes, nouvelles technologies, tensions, et difficultés de la démocratie.

Il abordera les questions suivantes :

- la confiance dans la démocratie dans un contexte de crise (chapitre 1) ;
- les défis des nouvelles technologies, de la connectivité et de l'intelligence artificielle (chapitre 2) ;
- les défis et les menaces de la désinformation (chapitre 3) ;
- la question du dialogue sur le changement climatique et les objectifs de développement durable (chapitre 4) ;
- Enfin une approche sur les obstacles à la confiance dans un contexte de tensions globales, en guise de conclusion.

Les chapitres peuvent se lire de manière séquentielle, l'un après l'autre, mais ils peuvent aussi être appréhendés indépendamment en fonction de l'intérêt du lecteur.

Nous avons sélectionné ces secteurs pour deux raisons principales : (1) ils sont essentiels dans les relations géopolitiques actuelles et (2) ils correspondent à notre champ d'étude.

La méthodologie comprend un mélange de recherches documentaires, d'entretiens avec des acteurs clés, de participation à des conférences et événements, et d'organisation de groupes de discussions. Dans ce cadre nous participons à des projets de recherche tels que le projet CRIC Climate Resilient and Inclusive Cities, et le projet AI4DEBUNK sur la désinformation. Ces projets sont financés par l'Union Européenne, mais cet ouvrage ne constitue pas en soi un livrable de projet. La recherche est également basée sur mon travail et mon analyse en tant que consultante pour des organisations internationales, et en tant que directrice de Pilot4dev[6]. La recherche sur la confiance et les conflits est également inspirée de ma thèse de doctorat sur « La confiance dans les sociétés post-conflit » qui a été publiée en 2009 en français (Gaborit, 2009).

Limites de la recherche

L'une des principales limites de cette recherche réside dans la *nature rapidement évolutive de la dynamique géopolitique*, qui pose d'importants problèmes pour saisir pleinement les complexités de la confiance dans les affaires mondiales. Les paysages géopolitiques, influencés par des alliances changeantes, des menaces émergentes et des avancées technologiques, sont en constante évolution. Cette fluidité rend difficile la formulation de conclusions définitives, car les questions explorées aujourd'hui peuvent rapidement être modifiées par de nouveaux développements. En outre, la portée de cette recherche est limitée par la *difficulté* inhérente *à l'accès à des informations fiables* sur des questions de sécurité sensibles, telles que les *cyberattaques* et les *menaces hybrides*. Les gouvernements et les institutions limitent souvent la disponibilité de données sensibles pour des raisons de sécurité nationale, ce qui entraîne des lacunes dans la compréhension de la manière dont ces menaces façonnent la confiance et la coopération internationale.

En outre, les *contraintes de temps* imposées à ce travail ont nécessité un examen ciblé d'un nombre restreint de sujets critiques. Par conséquent, l'analyse se concentre principalement sur des chapitres clés : la *démocratie*, les *nouvelles technologies*, la *désinformation*, les *objectifs de développement durable (ODD)* et le *climat*, ainsi que les *tensions commerciales*. Bien que ces domaines soient très pertinents pour les préoccupations géopolitiques actuelles, d'autres sujets tout aussi importants restent sous-explorés comme par exemple l'impact des menaces terroristes, de l'insécurité et des activités criminelles sur

[6] www.pilot4dev.com.

la confiance. L'évolution rapide du contexte mondial, combinée au temps limité et à l'accès à des informations sensibles, restreint donc l'étendue de la recherche, bien que les domaines d'intérêt choisis fournissent une base solide pour comprendre l'intersection de la confiance et de la géopolitique dans le monde incertain d'aujourd'hui.

Intérêt du livre

L'économie mondiale actuelle est confrontée à de nombreux défis. Les échanges commerciaux ralentissent en raison de l'inflation et des nouvelles politiques visant à protéger la souveraineté. L'innovation technologique est en plein essor, ce qui entraîne des défis liés à la connectivité et à l'intelligence artificielle (voir le chapitre 2). Le changement climatique exige que les gouvernements et les entreprises collaborent pour réduire les émissions de gaz à effet de serre. Les objectifs de développement durable sont en perte de vitesse (voir le chapitre 4). Les démocraties sont affaiblies et luttent pour maintenir leurs principes (voir le chapitre 1), en particulier dans un contexte mondial de désinformation (voir le chapitre 3). Certains considèrent la confiance comme un ciment (Hanssen, 1992 : 71) ou une institution invisible (Dupuy et al., 1997). Cependant, la question de savoir si le besoin de confiance conduit à la coopération, ou si le besoin de coopération favorise la confiance, reste une énigme pour les auteurs. C'est le dilemme de l'œuf et la poule. Notre dernier chapitre, le chapitre 5, explorera les solutions possibles pour utiliser la confiance comme paramètre pour comprendre et relever les défis actuels.

À une époque d'incertitude mondiale sans précédent, la confiance est devenue un facteur essentiel qui façonne les relations entre les nations, les institutions et les individus. Cet ouvrage, intitulé initialement dans sa version anglaise « *Trust, New Technologies and Geopolitics in an Uncertain World* », propose une exploration opportune et approfondie de la manière dont la confiance est mise à l'épreuve et transformée face à l'évolution rapide des paysages géopolitiques. De la fragilité des systèmes démocratiques aux défis posés par les nouvelles technologies, la désinformation et le changement climatique, cet ouvrage se penche sur les questions les plus pressantes de notre époque. En examinant les liens entre la confiance et des domaines clés tels que les objectifs de développement durable (ODD) et les conflits mondiaux en cours, cet ouvrage fournit des informations précieuses pour les représentants politiques, les universitaires et tous ceux qui cherchent à comprendre les complexités du monde d'aujourd'hui. Qu'il s'agisse de cybersécurité, de l'impact des menaces hybrides ou du rôle de la confiance dans la diplomatie internationale, cet ouvrage offre un cadre complet mais accessible pour relever ces défis. Il met en lumière la manière dont la reconstruction et la destruction de la confiance sont des paramètres inévitables pour comprendre les incertitudes géopolitiques qui définissent notre époque.

Références

Arrow K. *The limits of organization*, New York, W.W. Norton & Company, 1974.

Barber B. *The Logic and Limits of Trust*, New Brunswick, Rutgers University Press, 1983.

Bernoux P., Servet J.M. *La construction sociale de la confiance*, Paris, éditions Montchrestien, 1997.

Bianco W.T. *Trust, Representatives and constituents*, Michigan Press of University, 1994.

Bourdieu P. *La misère du monde*, Paris, Le Seuil, 1993.

Braithwaite V., Levi M. (Dir.) *Trust and governance*, New York, Russel Sage foundation, trust collection, no. 1, 1998.

Brewer P.R., Gross K., Vercellotti T. « Trust in International Actors », in Eric M. Uslaner (Ed.), *The Oxford Handbook of Social and Political Trust*, Oxford Handbooks (2018), online edn, Oxford Academic, 10 Jan. 2017, <https://doi.org/10.1093/oxfordhb/9780190274801.013.32>.

Cappella J.N., Jamieson K.H. *Spiral of Cynism*, New York, University Oxford Press, 1997.

Dahrendorf R. 1990, cité dans Tonkiss F., Passey A. (Dir.) *Trust and civil society*, Londres, Macmillan Press, 2000.

Damien R., Lazzeri Ch. (Dir.). *Confiance et conflit*, Besançon, Presses universitaires de Franche Comté, 2006.

Deutsch M. « Trust and suspicion », in *Journal of conflict resolution*, vol. 2, n° 4, pp. 265-279, 1958.

Dunn J., *Trust and political agency* Diego Gambetta, 1988.

Earle T., Cvetkovich G.T. *Social Trust: Toward a Cosmopolitan society,* New York, Praeger editions, 1995.

Etienne B. *Islam, Les Questions qui fâchent,* Hachette, 2002.

Forsberg T. « Taking Stock of the trust study in International Relations », in Haukkala H., van de Wetering C., Vuorelma J. *Trust in International Relations, Rationalist, Constructivist, and Psychological Approaches,* Routledge, 2018.

Haukkala H., van de Wetering C., Vuorelma J. *Trust in International Relations, Rationalist, Constructivist, and Psychological Approaches,* Routledge, 2018.

Finc A., Nayrou F., Pragier G. *La haine : haine de soi, haine de l'autre, haine dans la culture*, Paris, PUF, p. 8, 2005.

Fox J. « Towards a dynamic theory of ethno-religious conflict », *Nations and nationalisms* n° 5, ASEN, pp. 431-463, 1999.

Ruscio K.P. « Jay's Pirouette, or Why Political Trust is not the Same as Personal Trust t », *Administration and Society,* November 5, 1999, n° 31 Vol 5.

Fukuyama F. *Trust: the social virtues of the creation of prosperity*, New York, Free Press Paperbacks, 1995.

Gaborit P. *Restaurer la confiance après un conflit civil*, L'Harmattan, 2009a.

Gaborit P. « La confiance après un conflit ou la confiance désenchantée », in Bertho A., Gaumont-Prat H., Serry H. *Colloque international La confiance et le conflit*, Université Paris Vincennes Saint Denis, 2009b.

Gaborit P. *Learning from Resilience Strategies in Tanzania, an Outlook of International Development Challenges*, Peter Lang, 2021.

Gaborit P. « Resilience and Climate Disaster Management in Cities: Transformative Change and Conflicts », *Journal of Peacebuilding & Development*, numéro spécial, Nov. 2022, DOI: <0 10.1177/154231662 21128793 2022> (a).

Gaborit P. « Climate Adaptation to Multi-Hazard Climate-Related Risks in Ten Indonesian Cities: Ambitions and Challenges », *Climate Disaster Risk*, Vol 37, 100453, 2022. <https://doi.org/10.1016/j.crm.2022.100453> (b).

Gaborit P. (Ed.) *Climate Adaptation and Resilience: Challenges and Potential Solutions. Anticipatory Governance, Planning and Dialogue*, Peter Lang, 2022c.

Gambetta D. « Can we trust », in D. Gambetta (Dir.) *Trust: Making and Breaking Cooperative relations*, Oxford, Basil Blackwell, 1988.

Giddens A. *Modernity and self identity*, Stanford, Standford University Press, 1991.

Girard R., *La violence et le sacré*, Paris, Éditions Bernard Grasset, Coll. Pluriel, 1972.

Govier T., Verwoerd W. « Trust and the problem of National Reconciliation », *Philosophy of the Social sciences*, Vol 32, n° 2, pp. 178-205, June 2002.

Gurr T. *Minorities at risk*, Washington, Peace of Institute, 1993.

Hansen N.M. « Competition, trust and reciprocity in the development of Innovative regional milieu », *Regional Science*, 71, 1992.

Hardin R. (Ed.). *Distrust*, New York, Russel Sage foundation, RSF Series on Trust, 1992.

Hardin R. *Trustworthiness*, New York, Russel Sage Foundation, RSF Series on Trust, 1996.

Hardin R. (Ed.). *Trust and Trusworthiness*, New York, éditions Russel Sage fondation, RSF Series on Trust, 2002.

Hart E.J. *Democracy and Distrust: a theory of Judicial Review*, Editions Harvard University Press, 1988.

Hassner P. *La violence et la paix*, Paris, édition du Seuil, 2000.

Haukkala H., Saari S. « The cycle of mistrust in EU-Russia Relations », in Haukkala H., van de Wetering C., Vuorelma J. *Trust in International Relations, Rationalist, Constructivist, and Psychological Approaches*, Routledge, 2018.

Hufschmidt B., Damien R. (Dir.) *Bachelard : confiance raisonnée et défiance rationnelle*, Besançon, Presses universitaires de Franche Comté, 2006.

Ignatieff M. *Human Rights as Politics and Idolatry*, Princeton University Press, Princeton, 2001. <https://www.jstor.org/stable/j.ctt7s610>.

Jahoda G. « Beyond Stereotypes », *Culture and Psychology*, Vol 7, pp. 181-197, 2007.

Kant E. *Projet de paix perpétuelle*, Paris, éditions Nathan les intégrales de Philo, [1795], 2001.

Kaufmann J.C. *La chaleur du foyer : analyse du repli domestique*, Paris, éditions Kincksieck, 1988.

Kydd A. *Trust and Mistrust in International Relations*, Princeton University Press, 2005.

Khodyakov D. « Trust as a process: A Three-dimensional Approach », *Sociology*, London, vol 41, pp. 115-132, 2007.

Kreps D.M. « Corporate Culture and Economic Theory », in Alt J., Shepsle K. *Perspective on Positive Political Economy*, University Cambridge Press, 1990.

Lagroye J., *Sociologie politique*, 3e édition, Dalloz, 1997.

Laufer R., Orillard M. (Dir.). *La confiance en question*, Paris, édition Harmattan, collection logiques sociales, 2000.

Lazuech G. *Toute confiance est d'une certaine manière une confiance aveugle*, Mayenne, éditions Plein feux, 2002.

Lebow R.N. « The role of Trust in International Relations », *Global Asia*, Vol 8, n° 3, septembre 2013.

Luhmann N. *Trust and Power: Two Works by Niklas Luhmann [Traduction des originaux allemands Vertrauen 1968 et Macht 1975]*, Chichester: John Wiley, 1979.

Luhmann N. « Familiarity, confidence, trust: problems and alternatives », in Gambetta D. *Trust making and breaking Cooperative relations*, Oxford, Blackwell editions, 1988.

Luhmann N. *La confiance : un mécanisme de réduction de la complexité sociale*, Paris, édition Economica, 2006.

Mangematin V., Thuderoz C. *Le travail collectif, Des mondes de confiance : un concept à l'*épreuve de la réalité sociale, Paris, éditions CNRS, 2003.

Marcel J.C. « Les derniers soubresauts du rationaliste durkheimien : une théorie de l'instinct social de survie chez Maurice Halbwachs », in Deloye Y., Haroche C. *Maurice Halbwachs : Espaces, mémoires et psychologie collective*, Paris, édition publications de la Sorbonne, Sciences Politiques, 2004

Marty M.E., Appleby R.S. *Fundamentalism and state: remaking politics, economics and militancy,* Chicago Press of University, 1991.

Misztal B.A. *Trust in modern societies,* Londres, Cambridge, Polity Press, 1996.

Michel T. « Time to get emotional: Réflexions phraséologiques sur le concept de confiance dans les relations internationales », *European Journal of International Relations*, *19*(4), 869-890, 2013. <https://doi.org/10.1177/1354066111428972>.

Michel T. « Trust and International Relations », in P. James, K. Fierke, A. Freyberg-Inan, S. Gartner, S. Lobell, N. Sandal (Eds.), *Oxford Bibliographies in International Relations*, Oxford University Press, 2016. <https://doi.org/10.1093/obo/9780199743292-0192>.

Möllering G. *Trust, Reason, Routine, Reflexivity*, Oxford, Elsevier, 2006.

Nyhan R.C. « Changing the paradigm Trust and Its Role in Public Sector Organizations », *The American Review of Public Administration*, Vol 30, pp. 67-105, March 2000.

Ostrom E., Walker J. *Trust and reciprocity,* New York, Russel Sage Foundation, trust collection, volume 6, 2003.

Pettigrew P.S. *Pour une politique de la confiance,* Québec, Les éditions du Boréal, 1999.

Putnam R., Leonardi R et Nanetti R. *Making democracy work: civic tradition in modern Italy*, Princeton, Princeton University Press, 1993.

Putnam R.D. « The strange disappearance of civic America », *American Prospect*, n° 24, pp. 34-49, 1996.

Quere L. *La confiance,* Paris, Hermès-Sciences, *Réseaux* (19, 108), 2001.

Quere L., Ogien A. (Dir.). *Les moments de la confiance. Connaissance, affects et engagements*, Paris, Economica, Coll études sociologiques, 2006.

Sa'adah A. « Regime Change: Lessons from Germany on justice, Institution building and democracy », *Journal of conflict resolution*, n° 50, volume 3, juin 2006.

Scott K.D. « The causal relationship between Trust and the assessed value of management by objectives », *Journal of management*, vol 6, pp. 157-175, 1980.

S&P Top Geopolitical Risks of 2024, 2024. <https://www.spglobal.com/en/research-insights/market-insights/geopolitical-risk>.

Seligman A.B. *The problem of Trust*, édition Princeton University Press, 1997.

Seligman A.B. « Trust and civil society », in Tonkiss F., Passey A. Collective work, *Trust and civil society*, Londres, Macmillan Press, pp. 12-30, 2000.

Simmel G. *Conflict and the web of group affiliations*, New York, The Free Press, première edition, 1955.

Simmel G. *Sociologie et épistémologie*, Paris, Presses Universitaires de France, coll. Sociologies, 199, p. 20.

Spencer S.J., Fein S., Wolfe C.W., Fong C., Dunn M. « Automatic Activation of Stereotypes: The Role of Self Image Threat », *Personality and Social Psychology Bulletin*, Vol 24, n° 11, Novembre 1998.

Sztompka P. *Trust a sociological theory*, Cambridge University Press, 1999.

Tilly C. *Trust and rule*, Cambridge University Press, 2005.

Thuderoz C., Mangematin V., Harrisson D. *La confiance : approches économiques et sociologiques*, Paris, édition Gaëtan Morin, 1999.

Thuderoz C. « La confiance en questions », in Mangematin, V., Thuderoz, C. Ouvrage collectif, *Des mondes de confiance : un concept à l'*épreuve de la réalité sociale, Paris, éditions CNRS, pp. 19-30, 2003.

Tonkiss F., Passey A. Collective work, *Trust and civil society*, Londres, Macmillan Press, 2000.

Touraine A. *Production de la société*, Paris, Seuil, 1973.

Tyar A.F. *Les aléas de la confiance : gouverner, éduquer, psychanalyser*, Paris, édition l'Harmattan, collection psychanalyse et civilisations, 1998.

Vuorelma J. « Trust as a narrative: Representing Turkey in Western foreign policy analysis », in Haukkala H., van de Wetering C., Vuorelma J. *Trust in International Relations, Rationalist, Constructivist, and Psychological Approaches*, Routledge, 2018.

Warren M.E. (Dir.). *Democracy and trust*, Cambridge University Press, 1999.

Van de Wetering C. « Mistrust among democracies: Constructing US-India insecurity during the Cold War », in Haukkala H., van de Wetering C., Vuorelma J. *Trust in International Relations, Rationalist, Constructivist, and Psychological Approaches*, Routledge, 2018.

Wheeler N. *Trust Building in international relations*, Peace Prints, 2011. <https://wiscomp.org/peaceprints/4-2/4.2.9.pdf>.

Wille T., Martill B. « Trust and calculation in international negotiations: how trust was lost after Brexit », *International Affairs*, Volume 99, Issue 6, pp. 2405-2422, November 2023.

World Economic Forum (WEF a). « 5 choses à savoir sur la géopolitique dans un monde fracturé », <https://www.weforum.org/agenda/2024/08/geopolitics-democracy-trade-misinformation>.

World Economic Forum (WEF b). « The Global Cooperation Barometer 2024 », insight report <https://www.weforum.org/publications/the-global-cooperation-barometer-2024/>.

Démocratie et confiance

Imaginez un monde où les élections libres cèderaient la place à des abus de pouvoir et à la fin des libertés, alors que les citoyens resteraient apathiques. La fin des années 1990 a marqué un tournant dans l'histoire mondiale, caractérisée par l'effondrement du bloc communiste, l'ouverture des sociétés à la démocratie et l'adoption généralisée des économies de marché. Ces changements ont alimenté une vague d'optimisme, suscitant l'espoir d'une expansion des libertés civiles et des idéaux démocratiques dans le monde entier. Certains ont même parlé de « la fin de l'histoire » (Fukuyama, 2005). Dans le vif des années 2000 et 2010 des mouvements pour la démocratie et pour la liberté ont émergé avec une vigueur renouvelée dans diverses régions : des Printemps arabes au Moyen-Orient et en Afrique du Nord, aux manifestations des parapluies à Hong Kong (2014), mais aussi en Iran et en Biélorussie. Pourtant, malgré leur ferveur et l'attention mondiale dont ils ont fait l'objet, peu de ces mouvements ont *réussi à établir des systèmes démocratiques* stables.

Aujourd'hui, le paysage est encore plus complexe en raison de l'*évolution rapide de la technologie, qui sape de plus en plus les principes démocratiques et l'État de droit.* Simultanément, les tensions géopolitiques et les conflits armés exacerbent ces défis. L'invasion de l'Ukraine par la Russie en février 2022 et l'intensification de la violence au Moyen-Orient depuis 2023 sont des rappels brutaux de la fragilité de la paix et des menaces croissantes qui pèsent sur les droits humains et les libertés. Ces développements soulèvent des questions pressantes sur la résilience des systèmes démocratiques

Les démocraties occidentales, autrefois considérées comme des bastions de stabilité, sont aujourd'hui confrontées à une profonde crise de confiance. La polarisation des récits, la désinformation et la montée des mouvements populistes ont remis en question les principes fondamentaux de la gouvernance démocratique. La récente élection de Donald Trump en tant que 47e président des États-Unis, ainsi que les nominations de son administration, soulèvent des questions sur l'avenir de la démocratie américaine. Ces préoccupations portent notamment sur l'*État de droit, les libertés civiles et l'indépendance des médias et de la justice* – des institutions qui ont contribué à faire des États-Unis l'un des principaux modèles démocratiques au monde au cours des dernières décennies.

Sommes-nous en train d'assister à un déclin démocratique mondial ? S'agit-il principalement d'une crise de confiance institutionnelle ou reflète-t-elle des vulnérabilités systémiques plus profondes ? Et, ce qui est peut-être le plus important, la trajectoire actuelle pourrait-elle mettre en péril la liberté d'expression et la confiance du public dans les institutions démocratiques ? Ce sont des questions urgentes pour un monde de plus en plus défini par l'incertitude et la division.

Les démocraties sont exposées à des crises régulières. *Les attentats terroristes* ont un impact particulièrement fort, car ils génèrent la peur et affectent la confiance dans les institutions publiques avec parfois des conséquences géopolitiques importantes. On pense notamment aux attentats du 11 Septembre 2001 aux États-Unis qui ont bouleversé le monde. Les attaques terroristes de moindre ampleur, comme celles de Paris en novembre 2015 et de Bruxelles en mars 2016, ont profondément ébranlé la confiance, tant au niveau social qu'institutionnel, tout en remodelant le paysage sécuritaire. Lorsque des actes de violence ciblent des espaces publics, ils minent le sentiment de sécurité des citoyens et leur confiance dans la capacité de l'État à les protéger, alimentant ainsi la peur et la division. La confiance dans les gouvernements peut vaciller si les réponses apportées sont perçues comme insuffisantes ou excessivement restrictives, soulevant des préoccupations pour les libertés civiles. Parallèlement, ces événements entraînent des évolutions des politiques de sécurité, avec une surveillance accrue, un renforcement des contrôles aux frontières et l'expansion des mesures de lutte contre le terrorisme. Si ces réponses visent à prévenir de futures attaques, elles suscitent également des débats sur la vie privée, les droits humains et la cohésion sociale. De plus, les attentats amplifient souvent la méfiance entre les communautés, d'autant plus lorsqu'ils sont exploités à des fins politiques ou par des campagnes de désinformation. Ainsi, les sociétés sont confrontées à un double défi : renforcer la sécurité tout en préservant les valeurs fondamentales d'ouverture, d'inclusion et de résilience démocratique.

En période de paix et de stabilité, la confiance est une condition fondamentale pour une société juste et coopérative. La confiance joue un rôle essentiel dans les démocraties en légitimant les institutions et les règles, qui sont appliquées non seulement par le pouvoir, mais aussi par des mécanismes de contrôle et d'équilibre. Elle sert de mécanisme pour réduire la complexité de la société. Les systèmes et les institutions reposent sur la confiance pour l'acceptation des réglementations et de la justice, la mise en œuvre des programmes sociaux et la réalisation de la stabilité.

I. Les paradoxes de la confiance et de la démocratie

La démocratie est définie comme un système de gouvernement avec des contrôles et des équilibres, la liberté d'expression et de réunion, et des institutions à travers lesquelles les citoyens peuvent exprimer leurs préférences. Elle comprend des contraintes sur le pouvoir exécutif grâce à l'État de droit et grâce au suffrage universel pour l'élection des dirigeants nationaux (Dorenspleet, 2004). L'équilibre des pouvoirs entre les différents partis et institutions est l'une des principales fonctions régulatrices dans les démocraties. La démocratie garantit également la liberté d'expression, l'indépendance des médias et des systèmes judiciaires, les droits civiques et les libertés individuelles.

Les démocraties créent un équilibre entre les droits et les obligations, un système de contrôle et de contrepoids renforcé par l'État de droit. L'État de droit est l'une des conditions de la démocratie : il organise la compétition politique (en la rendant plus sûre) et réduit les tentatives de pouvoir arbitraire (Sa'adah, 2006 : 305). Mais que se passerait-il si ces principes étaient érodés par des abus de pouvoir progressifs ? Que se passerait-il si les institutions démocratiques étaient paralysées ou renversées ?

Les institutions publiques garantissent les droits et libertés fondamentaux des citoyens. Lorsqu'elles sont efficaces, ces institutions favorisent un sentiment de sécurité et suscitent la confiance des citoyens dans leurs structures et leurs procédures (Rawls, 1996). Hardin, qui définit la confiance comme un « *intérêt encapsulé* », parvient à la même conclusion par le biais d'une analyse rationnelle. Étant donné que les individus agissent naturellement dans leur propre intérêt, ils ne sont naturellement pas dignes de confiance pour la société. C'est pourquoi les lois et les conventions sont nécessaires pour protéger l'intérêt général (Hardin et al., 1996).

La confiance est une condition préalable à la démocratie. Selon Charles Tilly, la démocratie exige plus de confiance que tout autre système politique, car elle établit des relations de confiance réciproque entre les décideurs et les citoyens, ainsi qu'entre les partis au pouvoir et les partis d'opposition (Tilly 2005). De nombreux chercheurs affirment que la confiance renforce la légitimité et l'efficacité des gouvernements démocratiques (Braithwhite et al., 1998, Hetherington, 1998). Cet aspect est particulièrement crucial pour les nouveaux gouvernements qui succèdent à des prédécesseurs devenus impopulaires (Dogan et al., 1998). Alors que la recherche a largement examiné la confiance dans la démocratie (Sztompka, 1999, Putnam et al., 1993, Warren, 1990, Tilly, 2005, Hamm et al. 2024), il y a peu d'études sur la façon dont la confiance et la démocratie se croisent avec la numérisation, en particulier en ce qui concerne les nouvelles technologies et leur impact sur les perceptions du public. Ce chapitre ne tentera pas d'aborder tous ces aspects, mais proposera plutôt des idées préliminaires susceptibles d'orienter de futures recherches.

La confiance relie les citoyens ordinaires aux institutions qui les représentent (Bianco et al., 1994). La démocratie libérale garantit que les citoyens placent leur confiance dans le gouvernement, mais qu'ils peuvent aussi la retirer. La confiance est une communion d'intérêts entre les gouvernants et les gouvernés (Ruscio, 1999).

Il existe deux approches de la question de la confiance dans les institutions : l'approche culturelle et l'approche rationnelle. Pour la théorie dite culturelle, la confiance dans les institutions est une extension de la confiance interpersonnelle. Elle est externe à l'institution (Almond et al., 1963, Putnam, 1993, Foley et al., 1999). Dans la théorie de l'approche rationnelle, la confiance dans les institutions dépend de la fiabilité des institutions et de leurs performances institutionnelles (Dasgupta, 1988). La confiance est donc une conséquence, et non une cause, de la performance institutionnelle. (Almond et al., 1963, Putnam, 1993, Levi, 1996, Inglehart, 1997, Foley et al., 1999…). Peut-on réellement considérer les institutions dans les sociétés modernes sans aucun point de vue subjectif ? Par ailleurs, existe-t-il un moyen d'évaluer la performance des institutions au-delà des normes purement technocratiques ?

En fait, il est important de mentionner que la démocratie n'est pas équivalente à la confiance. Le libéralisme et la démocratie libérale sont nés en Europe de la méfiance à l'égard des représentants politiques traditionnels que constituaient la noblesse et le clergé. C'est là que la question de la confiance dans la démocratie est paradoxale. La démocratie peut être liée à la fois à la confiance et à la méfiance, tout en restant vulnérable lorsque la méfiance atteint certains sommets ou certains niveaux.

Plus de démocratie signifie plus de connaissance (transparence) et moins de confiance dans les autorités (Dunn, 2000, Sztompka, 1999). Les situations politiques sont marquées par des problèmes, des conflits d'intérêts ou d'identité dans lesquels les partis (politiques) peuvent apporter un soutien et des clés de compréhension pour aider à résoudre les dilemmes (Warren, 1990 Hamm et al. 2024). Les mécanismes démocratiques permettent aux individus de remettre en cause la confiance supposée, de limiter le pouvoir des politiques (par le vote notamment) et donc de limiter les dommages potentiels pour eux-mêmes. (Warren, 1990 : 2).

La démocratie exclut la confiance absolue, ce qui ne signifie pas qu'elle puisse fonctionner sans confiance. La démocratie fonctionne sur la base d'une confiance limitée, guidée par la pensée critique. En même temps, elle exige une confiance plus large dans le système lui-même, tout en conservant cette perspective critique. Cette base de confiance est également essentielle pour que les individus puissent organiser avec succès une action collective.

Alors que les sociétés deviennent de plus en plus différenciées et interdépendantes, les individus font l'expérience d'une plus grande diversité, d'une plus grande mobilité, de choix plus vastes et de connexions en ligne. Ces interdépendances augmentent la vulnérabilité des individus, car ils ont moins de contrôle sur les éléments qui les entourent (Offe, 1996). Avec l'émergence des réseaux sociaux, ces vulnérabilités deviennent encore plus évidentes, car les interactions sont influencées par des algorithmes et les communautés en ligne sont gérées par des plateformes motivées par le profit.

Selon Barber, la confiance se manifeste dans les attentes que les acteurs sociaux nourrissent les uns envers les autres. Ces attentes découlent de la conviction que les interactions sociales soutiennent et remplissent ce qui est considéré comme un ordre moral et social naturel (Luhmann, 1979, Barber, 1983). La confiance simplifie la vie des individus en leur apportant la sécurité et en leur permettant de se fier à leurs systèmes et à leurs institutions. Plus une société est complexe et différenciée, moins il est probable que les interactions soient spontanément basées sur la confiance (Hardin, 2004). D'un point de vue fonctionnel, la confiance et la démocratie sont des outils complémentaires qui favorisent l'action collective et la coopération. Mais les démocraties sont ponctuées par des crises de confiance, et parfois par des mouvements sociaux qui peuvent remettre en cause ses propres fondements.

II. La démocratie en régression dans le monde

La fin des années 1990 a marqué une période de transformation dans l'histoire mondiale, avec l'effondrement du bloc de l'Est, l'ouverture des sociétés à la démocratie et l'adoption généralisée des économies de marché. Ces événements ont suscité beaucoup d'attentes pour les sociétés civiles du monde entier, suggérant un avenir où les principes démocratiques et l'intégration économique pourraient prospérer. Les révolutions rose en Géorgie (2003) et orange en Ukraine (2004) portées par le peuple ont abouti à des changements de gouvernement. Dans le courant des années 2010, des vagues de mouvements en faveur de la démocratie ont pris de l'ampleur dans diverses parties du monde, des Printemps arabes au Moyen-Orient et en Afrique du Nord, aux soulèvements des parapluies à Hong Kong en passant par l'Iran. Cependant, malgré leur intensité et l'attention mondiale qu'ils ont suscitées, la plupart de ces mouvements n'ont pas réussi à établir des systèmes démocratiques stables et durables dans le temps.

L'émergence de conflits armés inattendus et déstabilisants a encore davantage laminé les aspirations des sociétés civiles. La guerre d'agression contre l'Ukraine, qui a débuté en février 2022, et l'escalade de la violence au Moyen-Orient depuis 2023 ont suscité de vives inquiétudes quant aux violations des droits humains et à l'érosion des normes internationales. À ces défis s'ajoute l'essor des technologies de pointe, qui menacent de plus en plus les principes démocratiques et l'État de droit en permettant la désinformation, la surveillance et la manipulation de l'opinion publique.

Les démocraties occidentales, longtemps considérées comme des exemples mondiaux de gouvernance, sont aujourd'hui confrontées à leurs propres crises de confiance et de légitimité. La polarisation des récits, la désinformation généralisée et la montée des mouvements populistes ont érodé la confiance du public dans les institutions démocratiques. Cette érosion apparaît encore plus évidente depuis la récente élection de Donald Trump en tant que 47e président des États-Unis et les nominations au sein de son administration. Plusieurs polémiques ont suscité un vaste débat sur la trajectoire future de la démocratie américaine. Des inquiétudes ont fait jour quant à la préservation de l'État de droit, des libertés civiles et de l'indépendance d'institutions essentielles telles que les médias et le pouvoir judiciaire. En particulier l'amnistie par Donald Trump des assaillants qui avaient assailli le capitole le 6 janvier 2021 pose de sérieux doutes pour l'avenir. La signature de décrets drastiques pour réduire le budget fédéral, l'internement de migrants illégaux à Guantanamo, et les attaques visant les communautés transgenres font preuve d'une brutalité peu compatible avec un état de droit tant ils ne prennent pas en compte d'opposition parlementaire ou civile et créent des incertitudes légales. Le recrutement de jeunes informaticiens par Elon Musk pour récolter voire pirater les données du budget fédéral a heureusement été arrêté par une décision de justice, mais on pourrait dire que le mal est fait. La publication de données souvent erronées sur le compte X du département DOGE de réduction des dépenses fédérales, avant le départ de Elon Musk, a amplifié la désinformation. La confiance n'est plus là, les narratifs de propagande étrangère apparaissent légers par rapport à une rhétorique qui sabote la confiance dans les institutions du pays et vise à faire croire aux citoyens américains que l'argent public fédéral a été sauvagement gaspillé pour des causes absurdes.

Sommes-nous en train d'assister à une régression majeure dans le progrès de la démocratie ? S'agit-il du symptôme d'un déclin démocratique mondial ou ces défis sont-ils révélateurs d'une transformation plus profonde de la manière dont la gouvernance et la confiance sont négociées au XXIe siècle ? Ces questions trouvent un écho profond dans la mesure où les systèmes démocratiques sont de plus en plus mis à l'épreuve par des pressions internes et externes.

Selon l'indice de démocratie 2024 V-DEM, moins de 13 % des habitants de la planète vivent dans une démocratie libérale qui respecte les droits et les libertés fondamentales, et 72 % de la population mondiale vit dans un État autocratique (à savoir une dictature fermée et renforcée). L'indice de démocratie « réelle » semble menacé, en particulier aux États-Unis, en Europe, mais aussi en Inde et dans d'autres pays. Les droits humains, la liberté de la presse et l'indépendance de la justice restent menacés dans de nombreux pays, avec une augmentation de la désinformation, des menaces, du populisme et des influences extérieures. La naissance des printemps arabes a rendu l'âme dans les pays du sud de la Méditerranée, tandis que les pays « démocratiques » du Moyen-Orient, comme Israël et le Liban, voient leurs systèmes légitimement contestés et remis en question…

Plus inquiétant, la montée des modèles totalitaires, encouragée par de grandes puissances comme la Russie, interroge sur l'utilisation massive de méthodes de surveillance des populations. Ce chapitre partira d'exemples concrets de recul de la démocratie et des droits de l'homme, pour mettre en évidence la compréhension de nouveaux modèles et outils qui s'y opposent frontalement et fondamentalement…

Le recul de la démocratie à l'échelle mondiale semble une évidence, mais qu'en est-il de l'analyse et des chiffres ? Selon le rapport 2024 V-Dem, qui se base sur l'analyse de 60 indices et 500 indicateurs, il est possible de distinguer quatre grandes catégories de régimes en termes de droits fondamentaux et d'équilibre des pouvoirs : les États autocratiques fermés, les autocraties électorales, les démocraties électorales et les démocraties libérales – voir le schéma ci-dessous.

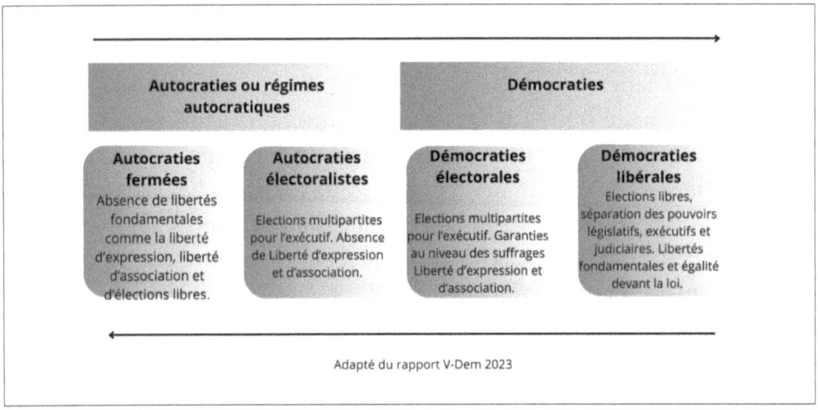

Fig. 1: Démocraties et Autocraties adapté du rapport V-Dem 2023

Selon le rapport 2024, qui ne tient pas compte d'un certain nombre de coups d'État ultérieurs en Afrique de l'Ouest, 72 % de la population mondiale, soit 5,7 milliards de personnes, vivent dans des autocraties, qu'elles soient fermées ou électorales. Cela représente une augmentation de 46 % par rapport à la décennie précédente. Les autocraties fermées sont représentées par des pays qui ont été montrés du doigt pour leur bilan en matière de droits de l'homme, comme la Corée du Nord, la Chine et l'Iran. Les autocraties électorales comprennent une variété de régimes tels que la Russie et la Turquie. Le V-Dem considère également que l'Inde appartient à ce groupe. Les démocraties électorales représenteraient 58 pays avec un total de 16 % de la population, et les démocraties libérales 13 %, avec des attaques possibles contre les institutions, comme aux États-Unis après l'assaut contre le capitole, ou au Brésil avec l'offensive des mouvements d'extrême-droite après l'élection du président Lula Da Silva.

En termes de représentation géographique, la région MENA – Moyen Orient et Nord de l'Afrique – est majoritairement autocratique, 98 % de sa population vivant dans des autocraties, et les 2 % restants en Israël, pays pourtant sujet à des violations des droits de l'homme et à des attaques contre les institutions démocratiques qui ont commencé avant l'attaque terroriste meurtrière du 7 octobre 2023 et les crimes de guerre à Gaza tels que reconnus par la Cour Pénale Internationale. Il convient également de noter que la Tunisie a connu une période de dix ans de démocratie parfois agitée entre 2011, lorsque le président Zine el-Abidine Ben Ali a fui le pays, et 2021, lorsque l'actuel président, Kaïs Saïed, a pris les pleins pouvoirs.

La région Asie-Pacifique est la plus peuplée, mais 9 personnes sur 10 ne jouissent pas des droits démocratiques et des libertés fondamentales. Les démocraties libérales comprennent le Japon et la Corée du Sud, tandis que les démocraties électorales comprennent l'Indonésie, la Mongolie et le Népal. La Corée du Sud a récemment été confrontée à une crise démocratique d'ampleur lorsque des allégations de corruption et d'abus de pouvoir sont apparues au sein du gouvernement, intensifiant la polarisation politique. La confiance du public dans les institutions politiques a fortement baissé alors que des protestations ont éclaté sur des questions telles que l'indépendance de la justice, la liberté des médias et l'équité des élections. En décembre 2024, le président Yoon Suk Yeol a déclaré la loi martiale, alléguant que les partis d'opposition se livraient à des « activités antiétatiques » et collaboraient avec les « communistes nord-coréens ». Cette mesure sans précédent a entraîné des protestations généralisées et des tensions politiques. L'Assemblée nationale s'est rapidement réunie et a voté à l'unanimité l'annulation du décret de loi martiale, qui a ensuite été levé par le président Yoon. À la suite de ces événements, Yoon a été mis en accusation et suspendu de ses fonctions, dans l'attente d'une décision de la Cour constitutionnelle sur sa destitution. En janvier 2025, il a été arrêté pour insurrection. C'était la première fois qu'un président sud-coréen en exercice faisait l'objet de telles accusations. Cette série d'événements a suscité de vives inquiétudes quant à l'état de la démocratie en Corée du Sud et à sa stabilité politique. Bien que la Corée du Sud reste une démocratie forte à bien des égards, ces défis ont soulevé des inquiétudes quant à sa résilience et à la capacité de ses institutions démocratiques à maintenir la responsabilité et la confiance du public.

L'Afrique subsaharienne abrite un certain nombre de démocraties, dont l'Afrique du Sud, le Ghana et les Seychelles. De nombreux pays sont dirigés par des autocrates depuis des décennies, comme le Cameroun et la Guinée équatoriale, tandis que d'autres connaissent des conflits dévastateurs, notamment dans la Corne de l'Afrique. Les coups d'État successifs en Afrique de l'Ouest n'augurent pas d'une ouverture démocratique, mais plutôt d'une résurgence des conflits.

La Russie, la Biélorussie et les républiques d'Asie centrale offrent un panorama d'autocraties électorales ou fermées, tandis que l'Europe de l'Est et le Caucase abritent principalement des démocraties électorales, avec des gouvernements populistes dans plusieurs pays. On note notamment la continuité de partis il-libéraux tels que le Fidesz de Viktor Orban en Hongrie, ou la montée inquiétante des mouvements d'extrême droite aux Pays-Bas, en Autriche, en Belgique, en France et en Allemagne en 2024.

En décembre 2024, la Roumanie a été confrontée à une crise démocratique importante lorsque la Cour constitutionnelle a annulé le premier tour de son élection présidentielle, citant des preuves substantielles d'ingérence étrangère, en particulier une campagne de désinformation coordonnée qui aurait été orchestrée par des acteurs russes. Cette ingérence a notamment été réalisée par le biais de plateformes de médias sociaux, TikTok jouant un rôle central dans l'amplification des récits d'extrême droite et l'élévation du profil du candidat Călin Georgescu. La Commission européenne a depuis ouvert une enquête sur l'implication de TikTok, pour évaluer si la plateforme a violé la loi sur les services numériques en ne parvenant pas à endiguer les risques d'interférence pendant le processus électoral. Cet incident souligne les vulnérabilités des systèmes démocratiques face à la désinformation et à la manipulation externe, mettant en évidence le besoin critique de garanties solides pour maintenir la confiance du public dans l'intégrité électorale.

De manière plus optimiste, seuls 12 % des résidents latino-américains vivent dans des autocraties, comme Cuba, le Salvador, le Nicaragua et le Venezuela.

Les élections de 2024 au Venezuela montrent cependant que l'opposition au président Maduro est toujours très active et jouit d'une énorme popularité. María Corina Machado et Edmundo González Urrutia qui ont officiellement remporté les élections mais dont la victoire a été refusée, ont reçu le prix Sakharov du Parlement européen en 2024.

Un argument souvent avancé est que la démocratie n'est qu'un autre modèle de pouvoir « imposé » par l'Occident. Le nombre de mouvements pro-démocratiques fermement réprimés dans le monde entier, de Hong Kong à Téhéran, s'oppose pourtant fortement à l'idée que seuls les Occidentaux aiment la liberté et le respect des droits humains. Mais alors, si nous ne considérons pas les élections multipartites, qu'en est-il des autres libertés fondamentales ? L'État de droit et la qualité des élections sont en déclin dans de nombreux pays. Selon le V-Dem, en 2024, nous étions déjà revenus à la situation de 1986, avant la fin de l'Union soviétique et la chute du rideau de fer en Europe…

Les Visages dans la Répression et les Répressions sans Visage

En *Russie*, la répression de la dissidence a atteint un niveau alarmant, en particulier après la mort du leader de l'opposition *Alexeï Navalny* en 2024. Son décès dans une colonie pénitentiaire arctique marque une étape tragique, entraînant une intensification de la persécution contre ses partisans et d'autres opposants au Kremlin. En décembre 2024, les organisations de défense des droits humains ont constaté une augmentation du nombre de prisonniers politiques en Russie, emprisonnés pour avoir exprimé des opinions anti-guerre ou critiqué les politiques gouvernementales.

De plus, des rapports inquiétants révèlent que les *prisonniers de guerre ukrainiens* détenus par les forces russes sont soumis à des *mauvais traitements*. Ces pratiques, considérées comme des violations des droits humains et *des crimes de guerre*, ont été vivement dénoncées par les organismes internationaux[7].

En *Iran*, la répression des voix dissidentes et des minorités s'est intensifiée de manière alarmante, en particulier après le soulèvement national déclenché par la mort de *Mahsa Amini* en septembre 2022. Arrêtée par la *police des mœurs* pour un voile prétendument mal porté, elle est décédée en détention. Sa mort a provoqué un vaste mouvement de contestation, mené en grande partie

---

[7] www.wsj.org.

par des femmes iraniennes, réclamant liberté et égalité. C'est le mouvement Femme, Vie, Liberté.

Face à ces manifestations, le régime iranien a répondu par une répression brutale : des milliers d'arrestations, des procès expéditifs, des condamnations à mort et une violence systématique contre les manifestants. En *2024*, l'Iran a exécuté un nombre record de prisonniers en trois décennies. Ces exécutions, souvent basées sur des accusations vagues sont prononcées après des procès inéquitables et des aveux forcés. Des figures de la résistance iranienne, comme la lauréate du Prix Nobel de la paix en 2023, Narges Mohammadi, continuent de dénoncer la répression malgré leur propre emprisonnement[8].

En *Chine*, la répression prend une forme différente. Elle n'a pas de visage, et les opposants sont rendus anonymes. Ils disparaissent parfois juste quelques semaines ou pour des durées indéterminées. Elle est intégrée dans un système de *surveillance de masse et de contrôle social*. Le gouvernement surveille étroitement ses citoyens, censure l'information et réprime toute opposition. Il n'est pas possible de documenter le nombre de prisonniers politiques.

Les mauvais traitements dans les centres de détention chinois restent une réalité.

De nombreux détenus, qu'il s'agisse de *prisonniers politiques, de militants, ou de minorités ethniques comme* les ouighours, ou religieuses comme les membres du mouvement pacifiste Falun Gong sont visés par une répression à grande échelle. Ces pratiques ont été critiquées par les organisations internationales de défense des droits humains, qui dénoncent une répression légitimée sous couvert de sécurité nationale et de stabilité du parti[9].

Là aussi, il semble que l'on assiste à un recul massif de certaines libertés fondamentales à l'échelle mondiale, ce qui est d'autant plus étonnant que les nouvelles technologies et Internet permettent à l'information de circuler à une vitesse hallucinante. Dans ce contexte, comment expliquer que la liberté d'expression se soit détériorée dans 35 pays en 2022 (V-Dem, 2023). À l'heure des réseaux sociaux et du multimédia ? La censure des médias est en déclin dans 37 pays. Dans près de 40 pays, les gouvernements ont renforcé leur contrôle sur les organisations de la société civile avec des règles de plus en plus restrictives, tandis que dans 37 pays, un état de répression de la société civile se profile.

---

[8] www.lemonde.fr.

[9] www.amnesty.org.

La liberté de la presse est également menacée dans de nombreuses régions. Le classement de Reporters sans frontières (RSF) de 2024 révèle une dégradation des conditions d'exercice de la presse, en raison d'instabilités politiques, sociales et technologiques, et alors que les assassinats de journalistes deviennent presque monnaie courante dans de nombreuses régions du monde, à commencer par les zones en conflit comme Gaza, qualifiée de « cimetière de journalistes ». Les conditions d'exercice du journalisme sont mauvaises dans 7 pays sur 10, et satisfaisantes dans seulement 3 pays sur 10. Parmi les pays classés tout en bas de la liste, on trouve l'Iran à la 176e place, la Chine à la 178e place. Dans ce pays, le nombre de journalistes emprisonnés est le plus élevé au monde, et le relai de la propagande par les médias est massif. La Corée du Nord termine le classement à la 179e place. Le rapport dénonce également le contexte d'insécurité et de répression en Afrique subsaharienne, dans la région MENA (Moyen Orient et Afrique du Nord), et en Amérique latine, avec un triste score pour l'Arabie saoudite – 162e – devant Cuba 165e, la Biélorussie 166e, l'Egypte 170e, la Russie 171e, le Vietnam 173e, l'Afghanistan 175e, l'Erythrée du président Isaias Afwerki 180e, et la Syrie de Bachar el Assad 177e.

Plus qu'une opposition entre autocratie et démocratie, nous assistons à un recul des libertés fondamentales et des principes démocratiques en tant que modèle, mais qui est réellement conscient du danger que cela représente pour la démocratie et les libertés dans le monde ? Comment pouvons-nous compter sur des autocrates pour résoudre des problèmes mondiaux allant du changement climatique à la paix et à la sécurité ? Devons-nous vraiment croire que nos institutions stables en Europe et en Amérique du Nord nous protégeront encore longtemps de la propagande d'États sans foi ni loi et de la diffusion de modèles liberticides ? Qui a intérêt à quoi ? Et quels États ont la volonté et la capacité d'exporter de la désinformation pour affaiblir les démocraties ?

La désinformation et l'industrie du faux-semblant font rage. Le rapport 2023 de RSF note que 118 pays et acteurs politiques sont impliqués dans des campagnes massives de désinformation et de propagande, de manière régulière et systématique. La différence entre le vrai et le faux, le réel et l'artificiel, les faits et les artefacts s'estompe, mettant en péril le « droit à l'information ». Le tour repose sur l'utilisation d'outils de manipulation à grande échelle. Nous y reviendrons dans le chapitre sur la désinformation.

III. La confiance dans les démocraties occidentales en jeu

Les démocraties occidentales sont confrontées à une crise qui met en péril leur essence. L'émergence de mouvements populistes et leur succès dans les sondages sont un signe évident de leur vulnérabilité. Le rapport annuel Edelman Trust révèle un déclin général de la confiance dans les systèmes. Les médias font état non pas d'un rejet fondamental de la démocratie elle-même, mais plutôt de tentatives généralisées de saper les principes démocratiques et d'une crise de confiance majeure dans plusieurs pays. Les prochains chapitres illustreront comment la démocratie est entrée dans une guerre mondiale de l'image, marquée par une polarisation narrative et des idées populistes.

Les démocraties occidentales sont de plus en plus confrontées à des récits qui exploitent des peurs et des préjugés profondément ancrés, fracturant les sociétés selon des lignes politiques, ethniques, de genre et religieuses (Moravcsik, 1997, Bollman, 2022). Ces récits se fondent sur l'identification d'un bouc émissaire pour susciter la peur et la colère. De la montée de l'euroscepticisme, qui a culminé avec le Brexit, à la rhétorique clivante autour de l'immigration, du genre et de la religion, ces récits se sont révélés efficaces pour manipuler l'opinion publique et créer des clivages sociaux. Ils érodent la cohésion sociale, alimentent l'extrémisme et menacent la stabilité des institutions.

Par exemple, le succès du Brexit a été largement motivé par des récits chargés d'émotion qui ont polarisé le public britannique, créant une forte dynamique du « nous contre eux » (Cervi et al., 2019 : 134). La campagne du Brexit a également utilisé des informations trompeuses, comme le tristement célèbre « bus du Brexit », qui prétendait à tort que la sortie de l'UE se traduirait par un financement accru du système national de santé (NHS). Parmi les autres thèmes centraux de la campagne figurait l'idée que la Grande-Bretagne joue un rôle important sur la scène mondiale et « n'avait pas besoin de l'Europe », ainsi que l'idée de « reprendre le contrôle » et de donner plus de pouvoir au peuple. À l'époque, ces discours ont eu beaucoup de succès et ont permis de remporter le référendum sur la sortie de l'UE, mais le résultat du Brexit a globalement fait baisser l'euroscepticisme et a pratiquement mis fin à des mouvements similaires dans d'autres pays européens.

En Hongrie, le régime politique de Victor Orban met en péril l'indépendance des médias et du système judiciaire depuis les années 2010. Selon le

Parlement européen, la Hongrie connait des problèmes récurrents de démocratie et de droits fondamentaux, affectant le fonctionnement du système constitutionnel et électoral, l'indépendance du système judiciaire ; la liberté d'expression et le pluralisme des médias. La liberté académique, la liberté de religion, la liberté d'association et le droit à l'égalité de traitement sont aussi remises en question (Parlement européen, 2022).

Comme nous l'avons vu précédemment, les récentes élections présidentielles en Roumanie ont fait l'objet d'une controverse après que la Cour constitutionnelle a annulé le premier tour, citant une ingérence étrangère significative, y compris une campagne de désinformation coordonnée liée à des acteurs russes. Les plateformes de sociaux, en particulier TikTok, ont joué un rôle déterminant dans la diffusion de récits d'extrême droite et dans la promotion de certains candidats. Cet incident met en évidence la menace croissante que représente la désinformation pour les processus démocratiques et soulève des inquiétudes quant à l'intégrité des élections à l'ère numérique.

Aux États-Unis, des mesures contre la liberté des journalistes ont été rapportées par l'organisation « Associated Press » en février 2025 et apparaissent en contradiction directe avec le 1er amendement de la Constitution des États-Unis.

Questionnements sur la Démocratie en Europe et aux États-Unis

En *Europe*, l'assassinat de la journaliste d'investigation *Daphne Caruana Galizia en 2017* à Malte a révélé les dangers encourus par ceux qui dénoncent la corruption et les abus de pouvoir. Son meurtre a mis en lumière les *risques croissants pour la liberté de la presse*, même dans des démocraties établies, et les *liens inquiétants entre pouvoir politique, criminalité organisée et répression*. Cet événement tragique a suscité un appel à un *renforcement de la protection des journalistes* et à une plus grande responsabilisation des gouvernements et des institutions face aux menaces qui pèsent sur la liberté d'expression.

Ce n'est malheureusement pas le seul exemple, et l'Europe n'est pas exempte de pressions politiques. Dans des pays comme la Hongrie, le gouvernement a renforcé son contrôle sur la presse, démantelant systématiquement les médias indépendants et utilisant les ressources de l'État pour influencer le discours public. La Pologne, jusqu'à récemment, faisait face à des restrictions similaires sur l'indépendance judiciaire et la liberté de la presse. Ces tendances suscitent des inquiétudes quant à un recul démocratique au sein de l'Union européenne, où la liberté de la presse – jadis considérée comme acquise – est désormais soumise à des pressions politiques et économiques croissantes.

Aux *États-Unis*, une nouvelle forme de répression émerge, non pas sous la forme de violences directes, mais à travers *une censure idéologique*, notamment sur les questions de *changement climatique et de biodiversité*. La polarisation politique a conduit à des *tentatives de restriction des recherches scientifiques*, à une *manipulation des récits environnementaux*, et à une *limitation du débat public sur la crise écologique*. Certains États adoptent des lois interdisant l'enseignement des risques climatiques dans les écoles, tandis que les *pressions des lobbies industriels* freinent les politiques environnementales.

Cette *censure rampante*, bien que plus subtile que les formes de répression autoritaires, menace non seulement la *liberté d'expression*, mais aussi la *capacité des sociétés à faire face aux enjeux environnementaux critiques*. Restreindre l'accès à l'information scientifique empêche une prise de conscience collective et compromet *les politiques nécessaires pour atténuer la crise climatique* et protéger la biodiversité. La restriction de la liberté de la presse, et la suppression d'archives fédérales sur le changement climatique et la biodiversité sont aussi alarmants

L'approche dite du « bouc émissaire » est également reconnue comme l'une des stratégies de manipulation visant à polariser le débat politique (Deutsch, 1958, Girard, 1986, Hersh, 2013, Goodhart, 2017, Betz et al., 2021, Bauer et al., 2023).

Les récits concernant la migration et les minorités ethniques exploitent souvent les craintes du public en utilisant la désinformation pour associer l'image des migrants à la criminalité, au chômage ou aux abus sociaux. Ces récits associent subtilement migration et impacts négatifs, polarisant ainsi l'opinion publique sur la question, et nourrissant des sentiments de rejet voire de racisme. Dans de nombreux pays européens, le racisme et la xénophobie ont été les caractéristiques principales de divers mouvements nationalistes extrêmes. Ces récits s'articulent autour du « mythe d'une nation homogène », qui non seulement encourage l'hostilité envers les minorités ethniques et une société pluraliste, mais cible également les libéraux qui soutiennent le pluralisme. Cela illustre la manière dont ces récits sont source de division, non seulement entre l'extrême droite et les minorités ethniques, mais aussi au-delà des clivages politiques plus larges concernant l'immigration.

En janvier 2025, le président Donald Trump a mis en œuvre une série de politiques d'immigration très controversées outre-Atlantique. Déclarant une urgence nationale à la frontière entre les États-Unis et le Mexique, il a envoyé des troupes pour renforcer la sécurité aux frontières et a autorisé l'expulsion immédiate des individus entrant illégalement dans le pays. Il a également signé un décret visant à mettre fin au droit du sol pour les enfants nés aux États-Unis de migrants sans papiers, une mesure qui a suscité de vives contestations juridiques et des débats sur sa constitutionnalité. Ces mesures ont relancé les discussions sur l'équilibre entre la sécurité nationale, les droits humains, les implications sociales et économiques de ces politiques migratoires extrêmement agressives.

Les récits polarisants de la haine s'adaptent également très facilement au climat politique actuel. Par exemple, lors de la pandémie de COVID-19, certains discours ont faussement présenté les migrants comme moins enclins à se faire vacciner, à respecter les restrictions ou à contribuer à la propagation du virus. L'Organisation mondiale de la santé (OMS) a souligné que la désinformation liée au COVID a malheureusement exacerbé la xénophobie, polarisé le discours public et aggravé les divisions au sein des sociétés (OMS, 2020). Des recherches ont montré que les récits liant la migration à des questions sanitaires et économiques étaient encore plus efficaces pour polariser la société que les récits fondés sur l'identité, tels que le « mythe d'une nation homogène ».

La croyance en des récits de suprématie ethnique est plutôt extrême, et il existe des formes plus légères de racisme et de xénophobie qui méritent également l'attention. La discrimination à l'égard des minorités ethniques peut se manifester de diverses manières, par exemple en excluant une personne d'un emploi parce qu'elle porte un nom étranger. Les migrants et les réfugiés sont aussi confrontés à de plus grandes difficultés pour accéder à l'éducation. Ce cycle de discrimination est perpétué par des récits xénophobes qui utilisent des faits divers et des statistiques pour étayer leur point de vue. Il est à noté que des récits inversés et communautaristes voient le jour dans certaines communautés notamment religieuses, alimentant ainsi une méfiance réciproque. Ces récits s'auto-alimentent. En outre, si l'on se tourne vers l'avenir, les préjugés ethniques pourraient avoir des conséquences sur le développement de l'intelligence artificielle. L'apprentissage algorithmique peut absorber les préjugés humains, renforçant potentiellement une discrimination ethnique par ailleurs illégale et conduisant à ce que l'on a appelé « l'automatisation de la discrimination » (Zuiderveen Borgesius, 2018, : 11-12). Ceci est une illustration des conséquences des récits discriminants, et de la manière dont ils pourraient continuer à diviser les sociétés.

Enfin, l'exploitation de récits qui sèment la discorde pendant les campagnes politiques sert de stratégie calculée pour discréditer et miner systématiquement les institutions publiques, y compris le système judiciaire, les médias et les systèmes électoraux, en remettant constamment en question l'équité fondamentale et la légitimité des institutions publiques et des gouvernements. Cette érosion de la confiance est réalisée par le biais de messages soigneusement élaborés qui ciblent la crédibilité de ces piliers de la démocratie. La campagne 2024 de Donald Trump aux États-Unis a délibérément et systématiquement alimenté la colère et le ressentiment profond à l'égard des opposants politiques en diffusant méthodiquement des informations fausses et incendiaires sur les migrants (notamment en affirmant dans un discours prononcé à Springfield que la communauté haïtienne mangeait des animaux domestiques, et en orchestrant la circulation de vidéos manipulées de Kamala Harris). Ces campagnes de désinformation ciblées servent à créer la division et la méfiance au sein de l'électorat. L'assaut violent contre le Capitole début 2021, suivi de la remise en question prolongée et systématique des résultats des élections de 2020, a non seulement mis directement en péril la stabilité du système démocratique américain, mais a également révélé sa vulnérabilité accrue aux campagnes de désinformation coordonnées qui se déroulent sous nos yeux.

L'effet cumulatif de cette utilisation sophistiquée et calculée de récits de haine va au-delà de la simple rhétorique politique – il enraye systématiquement la confiance du public dans les institutions démocratiques, affaiblit la cohésion sociale et menace les fondements mêmes sur lesquels les sociétés démocratiques sont construites. Mais revenons aux fondements de la confiance…

IV. Confiance individuelle et confiance sociale

Pour certains auteurs, comme Francis Fukuyama, les interrelations se situent au niveau de cercles concentriques de confiance, allant de la confiance inter-personnelle à la confiance collective ou sociale plus abstraite (Fukuyama, 1995). Le plus étroit de ces cercles est la confiance entre les membres de la famille, scellée par des relations d'intimité et de proximité. Vient ensuite la confiance des personnes que nous connaissons personnellement, telles que les voisins, les amis et les partenaires commerciaux. Ce cercle comprend également des relations d'intimité et de proximité, suivies par la confiance sociale. Le dernier cercle est constitué de personnes avec lesquelles nous avons le sentiment de partager des liens communs, mais qui sont surtout des « anonymes », que nous ne connaissons pas vraiment, mais qui forment une communauté dans notre imaginaire (nos compatriotes, les membres de notre groupe ethnique ou religieux, notre sexe, notre génération ou notre profession…).

Comment distinguer ou relier la confiance individuelle et la confiance collective ? Dans l'analyse des groupes, il est parfois courant ou tentant de faire la distinction entre le niveau micro-social (confiance inter-personnelle) et le niveau macro-social (confiance sociale). Mark Warren, par exemple, fait la distinction entre la confiance généralisée et la confiance limitée au sein d'un groupe (Warren, 1999). Alors que le premier niveau implique en particulier des actions locales et des interactions face à face, le niveau macro-social englobe des interactions plus globales entre des groupes et des individus, des nations et des institutions. Toutefois, l'idée qu'il existe un niveau micro-social de confiance concernant l'individu et un niveau macro-social ou institutionnel de confiance serait une simplification excessive. Il n'y aurait pas d'antinomie entre le psychologique et le social, mais plutôt une complémentarité marquant les deux faces d'une même réalité (Finc, 2005 : 8).

La confiance, au sens le plus large du terme, c'est-à-dire la capacité à se fier à ses propres attentes, est un élément fondamental de la vie en société.

Entre le niveau de la confiance individuelle et celui de la confiance entre grands groupes ou communautés au niveau national, se situent les relations de confiance entre groupes de taille plus modérée, comme au sein des familles, entre familles, dans les relations de voisinage, les relations professionnelles, religieuses, politiques et communautaires et, enfin, les communautés qui agissent et interagissent au niveau national….

Il n'y a pas seulement deux niveaux antinomiques : le niveau macro-social et le niveau micro-social, qui interagissent. Les familles, les groupes de voisinage, les groupes ethniques, les régions, les partisans de groupes politiques, etc. peuvent également développer des relations de méfiance en raison de leurs différentes interactions et implications conflictuelles. De plus, au niveau individuel, la méfiance peut aussi s'être étendue à des groupes plus restreints (partis politiques, syndicats, associations), ce qui peut remettre en cause la stabilité.

Pour appréhender cette complexité, il faut d'abord imaginer un large spectre de relations, prenant en compte les relations individuelles, celles des petits groupes, puis celles des grands groupes. Dans ce large spectre de relations, on trouve les relations entre individus, les relations entre familles, entre syndicats, partis politiques, acteurs de la société civile, puis les interactions entre grands groupes et communautés plus larges. Nous pouvons observer les différents cercles de confiance dans les communautés locales où règnent la confiance et les communautés plus larges. La grande différence, cependant, avec les récits des anthropologues, est qu'il n'existe pas de confiance optimale. Un manque de confiance peut survenir à n'importe quel niveau des relations sociales. Au-delà de cette image du spectre de la confiance, il faut revenir à la métaphore de Georg Simmel, selon laquelle les individus et les sociétés interagissent dans un réseau en forme de toile (Simmel, 1955).

Les individus sont reliés entre eux par de vastes réseaux de relations, et un individu peut être lié à plusieurs groupes. La somme de ces relations établit des modèles de confiance entre les groupes eux-mêmes. Dans toute relation formant un réseau, il est possible que la confiance se brise lorsque des sentiments de conflit apparaissent. L'image du web et du réseau de relations en tant que passerelles entre l'individu et le groupe est doublement intéressante. D'une part, l'image d'une toile tissée par différents réseaux d'appartenance à un groupe renvoie aux *Conflits* de Georg Simmel *et à la toile d'appartenance à un groupe*, mais elle renvoie également à la conception de la confiance de Charles Tilly dans son ouvrage *Trust and rule* (Tilly, 2005). Pour Tilly, il existe des réseaux de confiance qui expliquent les liens de confiance entre des groupes restreints et des institutions au niveau infranational et même transnational.

L'approche méthodologique proposée ici consiste à comprendre les relations sociales et institutionnelles (politiques) comme des interactions différentes au sein des réseaux et de comprendre les relations de confiance. Mais les difficultés d'analyse ne se réduisent pas à des images.

Il faut également comprendre comment, si la confiance est un sentiment basé en partie sur le cognitif (émotions subjectives), ce sentiment peut être attribué à des groupes. Parler de confiance ou de méfiance au sein des groupes présuppose que l'on puisse attribuer des attitudes, des croyances et des émotions aux groupes. Il s'agit certainement d'une pierre d'achoppement majeure pour l'analyse de la confiance. Les groupes ne sont pas en eux-mêmes dotés d'un esprit ou d'une capacité à ressentir des émotions, si ce n'est à travers leurs membres et les représentations qu'ils se font d'eux-mêmes et de ceux qui les entourent.

Et même si les médias affirment parfois que « la communauté d'untel est émue par tel ou tel événement », cela revient à *essentialiser* la notion de communauté, et à dire en réalité que les individus qui la composent ont ressenti l'émotion, qui s'est ensuite exprimée par l'intermédiaire de leurs représentants. Les groupes, par définition, n'ont pas de conscience individuelle, même s'ils délibèrent, prennent des décisions et se comportent comme des acteurs. Sur la base de leurs actions, de leurs actes et de leurs délibérations, on peut cependant reconnaître que ces actions ne sont pas toujours motivées par des considérations explicites et facilement identifiables, mais qu'elles sont basées sur une série de croyances, d'attitudes et d'émotions partagées par les membres du groupe. Il est donc important de reconnaître que les groupes ont également leurs propres émotions, croyances, symboles et imaginaires collectifs qui influencent leurs décisions. En ce qui concerne les relations de confiance et de méfiance, il est assez courant d'attribuer ces émotions à des groupes. Dans les médias, par exemple, il est souvent question de crises de confiance entre États (Corée du Sud et Corée du Nord, par exemple), entre groupes communautaires, entre belligérants dans un conflit, mais aussi entre groupes restreints et institutions (crise de confiance des consommateurs dans le marché inflationniste).

Le bon sens reconnaît donc que des relations de confiance existent entre les groupes, même si, d'un point de vue théorique, il est difficile de le confirmer. Mais si l'on admet que des relations de suspicion, de haine, de vengeance et de revanche existent entre les groupes, on ne peut exclure l'idée que les groupes soient également capables de manifester des sentiments de confiance et de compassion, voire de gratitude et de loyauté, comme le propose Georg Simmel (Simmel, 1955).

Notre travail propose donc de reconnaître qu'il existe des relations positives et négatives entre les groupes, basées sur des sentiments subjectifs, des représentations et des comportements attribués aux groupes eux-mêmes, ainsi qu'aux individus qui les composent (Haukkala et al., 2018). Mais il ne suffit pas d'affirmer qu'il existe des relations de confiance et de méfiance entre les groupes sans prendre en compte l'individu, car les groupes sont constitués d'individus. Si les groupes agissent, interagissent et délibèrent, voire se battent, ils ne le font que dans la mesure où les individus qui les composent font de même. Si l'on veut parler de groupes qui éprouvent de la confiance ou de la méfiance, il faut reconnaître qu'ils ne le font que parce que les individus (et pas nécessairement tous les individus) qui les composent éprouvent eux aussi ces mêmes relations de confiance et de méfiance, qui sont atténuées ou amplifiées au sein du groupe par le biais de l'imaginaire collectif et cette tendance est encore plus vive à l'ère numérique avec l'essor des médias sociaux et l'émergence des communautés en ligne.

Comme le notent les auteurs Wille et Martill, la plupart des conceptualisations de la confiance supposent que la suspension du calcul du risque a lieu dans l'esprit des responsables respectifs. Une telle compréhension exige que le fossé entre les états mentaux et l'action collective soit comblé d'une manière ou d'une autre et rend la confiance difficile à évaluer. En effet, dans le cas de la politique étrangère, les décisions ne sont pas prises par des individus isolés, mais sont produites collectivement au sein d'organisations politiques et bureaucratiques. (Wille et al., 2023).

La seule analyse théorique qui permet de relier ces différentes théories en tenant compte de la complexité est de reconnaître le poids de la culture et des sentiments collectifs, dont les représentations sont véhiculées par le groupe. Il s'agit d'une approche constructiviste qui vise à éviter de réifier des concepts tels que l'État, la famille et la communauté, ou de tirer des conclusions essentialistes sans analyser les complexités.

À partir de ces différents points, il est possible de reconnaître que des relations de confiance existent entre les individus, entre les groupes, mais aussi à l'intérieur des groupes, dans un ensemble complexe de relations qui fonctionnent en réseau. Reconnaître que les groupes peuvent faire preuve de confiance ou de méfiance ne signifie pas confondre le groupe avec l'individu, ni prendre le tout pour la partie et vice versa. Lorsque les relations entre de grands groupes témoignent d'une confiance suffisante pour permettre la coopération, cela ne signifie pas que les membres individuels du groupe fassent confiance à l'autre groupe. Par exemple, dans le cadre de la construction européenne après la seconde guerre mondiale, les groupes nationaux ont établi une coopération au niveau européen basée sur la confiance, ce qui ne signifie pas qu'un Néerlandais fasse automatiquement confiance à un Allemand et vice-versa. Cela signifie aussi que, dans une situation où une majorité d'individus fait confiance à un autre groupe (confiance distributive ou horizontale), la coopération est possible et donc l'émergence de la confiance entre les groupes.

Il faut donc éviter une approche méthodologique centrée sur l'individu, qui attribuerait au groupe les mêmes sentiments qu'aux individus qui le composent, tout comme il faut éviter une approche méthodologique centrée sur le groupe (et plus récemment les communautés en ligne), qui oublierait de prendre en compte les relations intra-personnelles et individuelles au sein du groupe (l'image d'un réseau d'interactions permet de contourner ce problème). Enfin, il faut aussi éviter l'écueil de considérer le groupe comme une entité distincte de ses membres, ainsi que celui de l'atomisation (considérer l'individu sans référence à ces affiliations et relations de groupe, y compris les communautés en ligne). Cela signifie que chaque individu développe des objectifs, des croyances et des sentiments de confiance et de méfiance, mais que ces sentiments sont également influencés par son appartenance à un groupe, à une culture, à des communautés en ligne, à un réseau ou à une position sociale. Si les groupes et les individus sont distincts dans les relations de confiance, ils sont aussi éminemment interconnectés sous la forme de réseaux d'interaction. Selon nous, ces questions ont été amplifiées depuis l'émergence de l'ère numérique, où les connexions entre les citoyens sont plus diffuses, numériques et multiformes (dépendant beaucoup d'une connexion internet et de la possibilité d'échanger et de se rencontrer en ligne). L'émergence de l'ère numérique a également amplifié les questions de désinformation, de méfiance et de théories du complot.

V. Confiance, pouvoir et exclusion

La confiance et les conflits sont également étroitement liés aux questions d'inclusion et d'exclusion, car l'exclusion, les inégalités et l'injustice peuvent conduire à des conflits (voir figure 5 chapitre 4).

Hardin et Farell démontrent également que la question de la confiance est liée au pouvoir et peut être affectée par des disparités de pouvoir extrêmes. Les asymétries de pouvoir ne favoriseraient pas les relations de confiance, mais les rendraient au contraire impossibles. (Farell, 2004 : 89).

Dans chaque société, il existe une discrimination entre ceux qui peuvent voter et ceux qui ne le peuvent pas, entre ceux qui peuvent être juges et ceux qui ne le peuvent pas.

Les inégalités entre pays leur confèrent également un poids différent dans l'ordre international. Il existe donc un espace de négociation dans lequel les normes de justice sont produites, un espace de négociation dans lequel certains individus sont acceptés et d'autres exclus. Si ceux qui participent à l'élaboration des normes de justice auront tendance à faire preuve de confiance, ceux qui en sont exclus développeront, à l'inverse, de la méfiance.

Selon Charles Tilly, la création de la citoyenneté est inséparable d'un processus d'exclusion entre ceux qui en bénéficient et ceux qui ne peuvent y accéder (Tilly, 2005 : 178). Se référant à la Révolution française de 1789, il démontre qu'à partir du moment où seuls les propriétaires pouvaient accéder à la citoyenneté, celle-ci a clairement commencé à se fonder sur une relation d'exclusion sociale. Il affirme également que, dans les démocraties modernes, l'exclusion se fonde de plus en plus sur des critères ethniques. Cette situation n'engendrerait pas nécessairement des relations de haine entre les groupes, mais poserait des questions de compréhension, de cohabitation, de coopération et, par conséquent, de confiance entre les groupes, les entités ou les communautés. Des études complémentaires seraient nécessaires pour étendre cette analyse au monde numérique d'aujourd'hui.

Dans leur quête d'identité, les individus comme les groupes sociaux établissent des distinctions entre « nous » et « eux », entre « je » et « il », en assignant des catégories à différents groupes d'individus, qui se distinguent non seulement par des attributs physiques – homme ou femme, grand ou petit, noir ou blanc – mais aussi par des attributs sociaux – riche ou pauvre, etc… – (Spencer et al., 1998 : 1140). Il existe souvent des antagonismes entre les différents groupes, entre « nous » et « eux », « nous » étant généralement associé à des valeurs positives et « eux » à des valeurs négatives. Les stéréotypes prennent ainsi la forme de *miroirs inversés* (Jahoda et al., 2007 : 193). Pendant plusieurs siècles, l'Afrique et ses habitants ont été décrits par les explorateurs et les observateurs de l'époque, dont le philosophe Hegel, comme « un monde à l'envers, c'est-à-dire un monde où tout est repoussant et différent de l'Europe » (Jahoda et al., 2007). L'Afrique était dépeinte comme un continent de massacres et de cannibalisme, où l'union entre les sexes était destinée à produire autant d'enfants que possible pour la vente[10]. De même, un observateur de la culture japonaise au XVIe siècle a relevé plus de 400 différences entre cette culture et la culture occidentale. Plus récemment, les récits polarisants à l'encontre des migrants, tant en Europe qu'aux États-Unis peuvent être analysés sous cet angle. La compagne américaine s'était par exemple illustrée par les discours du candidat Donald Trump entraînant des rumeurs sur le fait que les communautés haïtiennes mangeaient des chiens et des chats à Springfield[11].

La force motrice de ces antagonismes sémantiques est le désir d'exprimer la différence (Hodge, 1988). Ce désir proviendrait des besoins de groupes spécifiques de créer une solidarité interne et d'exclure les autres en tant qu'anti-groupes, détenteurs d'anti-langues, d'anti-pensées, d'anti-cultures et d'anti-mondes. Dans le cas des cultures d'autres continents, les antagonismes ont évidemment été utilisés pour établir la supériorité et la domination des cultures occidentales. Les stéréotypes ont donc une fonction structurante sur le monde environnant dans la psychologie des individus (aspect cognitif), mais ils ont aussi des répercussions sur le comportement et les actions des groupes (aspect collectif). Dans le cas des récits contre les communautés de migrants, un désir de violence et de haine n'est pas non plus à exclure comme incitation à la haine. Dans le cas de la campagne de Donald Trump aux États-Unis, les rumeurs contre les communautés haïtiennes de Springfield (Ohio) ont en effet conduit à des violences.

Les clivages au sein d'une même société ne sont pas intangibles mais fondés sur des représentations, et ils évoluent, mais ils ont néanmoins une influence déterminante sur la confiance. Les gouvernements et les institutions semblent jouer un rôle d'arbitre et d'équilibre entre les différents groupes mais, volontairement ou non, ils affirment la suprématie culturelle, politique ou administrative de certains groupes sur d'autres. Dans de nombreux pays, la négation des ethnies ou des minorités revient à favoriser une élite urbaine et

---

10 Hegel cité par Jahoda, *op. cit.*, p. 189.

11 <https://www.newyorker.com/news/q-and-a/the-historical-precedents-to-trumps-attacks-on-haitian-immigrants>.

cultivée dans la capitale, proche du pouvoir, au détriment des autres cultures et régions. La « culture oubliée », par exemple la classe moyenne aux États-Unis, peut être tentée par le populisme et avoir tendance à croire que l'isolationnisme peut restaurer son statut et sa dignité (Goodhart, 2017, Hansen, 2019, Wilkinson, 2019, Rodriguez-Pose, 2018, Oswald, 2022).

La sociologie de Halbwachs s'inscrit dans la génération des intellectuels post-positivisme rationaliste qui, comme Durkheim et Kant, croyaient au progrès. Pour Maurice Halbwachs, les classes populaires ont le sentiment de ne pas participer à la vie collective et d'en être constamment exclues. Ils se méfient donc des institutions et du pouvoir.

À l'autre extrême, le rôle de la bourgeoisie, dans une relation de confiance, est d'adapter la vie sociale aux objectifs de la société (Marcel, 2004 : 53). Lors des crises sociales, les agents se retrouvent dans des positions auxquelles leur socialisation ne les prédispose pas ou qui ne correspondent pas à leurs attentes, ce qu'il qualifie de « misère positionnelle ». Parce qu'il n'est pas possible de négocier dans un climat de méfiance, la seule issue est le conflit ou la révolte. Les récents mouvements des gilets jaunes en France peuvent être analysés sous cet angle. Ce que les sociologues n'ont pas encore analysé, c'est comment les nouvelles technologies sont devenues un nouvel outil de pouvoir. L'équilibre du pouvoir se déplacera vers les pays et les groupes qui détiennent suffisamment de données et qui programment les algorithmes. Dans ce nouveau système, les pauvres et la classe moyenne pourraient se sentir perdus ou exploités et éprouver un sentiment d'absurdité.

Des changements sociaux majeurs pourraient émerger de la crise actuelle. L'un des « refuges » des personnes confrontées à ces incertitudes et à ces changements pourrait être la religion. Pour Ted Gurr, la religion est également un élément important dans l'identification de l'ethnicité si elle est l'une des caractéristiques qui permet de définir un groupe en tant que tel, selon les critères de ses membres ou selon les critères des étrangers (Gurr, 1993 : 3).

Tous les mouvements religieux de l'après-guerre froide opposent la chaleur affective des relations intercommunautaires à l'abstraction des relations humaines dans les sociétés dominées par l'organisation bureaucratique, et plus encore dans les sociétés dissociées, déstructurées, qui semblent encore plus déconnectées depuis l'émergence des réseaux sociaux. Dans la plupart des cas, ces mouvements concernent des populations devenues des minorités culturelles dans des sociétés sécularisées où, comme dans certains pays arabes, la menace de la sécularisation est perçue comme une destruction de l'identité (Étienne, 2002 : 31).

Selon certains auteurs, les mouvements religieux joueraient principalement un rôle de substituts politiques (Marty et al., 1991 : 4). Ce retour du religieux est en réalité contemporain de l'effondrement de l'idéologie communiste et des luttes pour la décolonisation. Il est aussi lié à la fin de la croissance économique et de ses promesses. Tout se passe comme si la crise de l'avenir faisait resurgir un passé idéalisé.

Comme le souligne Jonathan Fox, la religion et la coexistence des religions ne génèrent pas en elles-mêmes des conflits ou des crises, mais peuvent contribuer aux conflits lorsque certaines conditions sont réunies, notamment l'utilisation de la religion pour mobiliser des groupes autour de motifs qui ne sont pas de nature religieuse, et le rôle des élites religieuses dans la mobilisation de certains groupes (Fow, 1999).

Cependant, les nouveaux mouvements émergents articulés autour des revendications du « Sud global », par exemple lors de la dernière COP29, montrent que le déséquilibre du pouvoir et l'injustice jouent également un rôle dans les négociations internationales sur le climat, avec des tensions croissantes et l'idée que seuls les transferts d'argent résoudraient les problèmes liés à la pauvreté, au manque d'infrastructures et au changement climatique, comme nous le verrons dans le chapitre 4. Malheureusement, ces affirmations ne sont pas constructives dans la mesure où elles empêchent les pays riches de réduire leurs émissions de GES liées au climat et où elles sont également impuissantes à modifier l'ordre international. Au contraire, elles renforcent l'attachement des pays riches aux systèmes et institutions actuels comme gage de leur pouvoir. Elles illustrent l'érosion de la confiance dans les institutions que l'on retrouve à l'intérieur des démocraties.

VI. L'érosion de la confiance dans les institutions

Comme nous l'avons vu précédemment, l'avenir des démocraties comme systèmes et comme modèles est en jeu dans de nombreux pays. Assisterons-nous à une généralisation des démocraties illibérales dans un prochain avenir ? Comme nous l'avons décrit, la désinformation et la polarisation, ainsi que la manipulation des réseaux sociaux sont largement responsables de ces situations mais quid des raisons sociales qui poussent les citoyens vers l'apathie ? Nous pouvons citer plusieurs explications : le fait que le monde devient de plus en plus complexe et que les citoyens n'ont pas les clés de lecture, le repli derrière les écrans, le déclassement des classes moyennes, l'inflation, l'économie en berne et enfin l'érosion des valeurs notamment au niveau politique, institutionnel et des affaires.

Si les facteurs technologiques et politiques sont essentiels, les forces sociales jouent un rôle tout aussi important dans le déclin de l'engagement démocratique. L'un des principaux problèmes est la complexité croissante de la vie moderne. Alors que les défis mondiaux sont de plus en plus interconnectés et complexes, de nombreux citoyens ne disposent pas des outils ou des connaissances nécessaires pour les comprendre pleinement. Cette surcharge cognitive peut conduire à un désengagement, les individus se sentant impuissants à influencer l'état des choses, par exemple la globalisation.

L'isolement social, exacerbé par l'utilisation omniprésente des appareils numériques, aggrave encore ce problème. Si la technologie relie les gens virtuellement, elle affaiblit souvent les interactions en face à face et les liens communautaires. Les démocraties fortes dépendent de citoyens actifs et engagés qui participent à la société civile, mais l'ère numérique semble avoir érodé ces relations fondamentales.

Les facteurs économiques contribuent également à l'apathie des citoyens. Le déclin de la classe moyenne dans de nombreuses démocraties, associé à la hausse de l'inflation et à la stagnation économique, a entraîné un mécontentement généralisé et un sentiment d'insécurité économique. Lorsque les citoyens peinent à satisfaire leurs besoins fondamentaux, ils sont moins susceptibles d'accorder la priorité à la participation démocratique. En outre, l'érosion des valeurs au sein des sphères politiques, institutionnelles et commerciales, telles que la responsabilité, la transparence et l'intégrité, éloigne encore plus les gens de l'engagement dans le système.

L'inégalité et la stagnation économiques sont par ailleurs, des facteurs clés du recul démocratique et donc des facteurs importants de réduction de la confiance. Dans de nombreuses démocraties, le fossé entre les riches et le reste de la population s'est considérablement creusé. Cette fracture économique alimente le ressentiment et donne l'impression que le système favorise les élites. L'inflation galopante exacerbe ces sentiments, car les citoyens doivent faire face à l'augmentation du coût de la vie.

Le déclin de la classe moyenne est particulièrement inquiétant. Historiquement, une classe moyenne solide a été une force stabilisatrice dans les démocraties, plaidant pour des politiques qui promeuvent l'équité et l'inclusion. À mesure que ce groupe se réduit, son influence diminue également, laissant un vide qui peut être exploité par des dirigeants populistes ou autoritaires.

L'érosion des valeurs dans les sphères politiques, institutionnelles et commerciales est un facteur essentiel, mais souvent négligé, de la crise que traversent les démocraties. La responsabilité, la transparence et l'intégrité – des valeurs qui sous-tendent la gouvernance démocratique – sont de plus en plus considérées comme facultatives plutôt qu'essentielles. Ce déclin moral favorise le cynisme et le désengagement, car les citoyens perçoivent les dirigeants et les institutions comme servant leurs propres intérêts plutôt que le bien public.

En outre, le manque de leadership éthique dans les secteurs public et privé sape la confiance dans le système dans son ensemble. Lorsque les dirigeants politiques et économiques privilégient les gains à court terme au détriment de la stabilité à long terme, ils peuvent renforcer une spirale de méfiance qui affaiblit les normes démocratiques.

Conclusion

Dans son discours d'adieu prononcé depuis la maison blanche le 15 janvier 2025, le président Joe Biden a exprimé de profondes inquiétudes quant à l'état de la démocratie américaine :

> « Les Américains sont ensevelis sous une avalanche de fausses informations et de désinformations, ce qui favorise les abus de pouvoir. La presse libre s'effondre. Les rédacteurs en chef disparaissent. Les médias sociaux abandonnent la vérification des faits. La vérité est étouffée par des mensonges racontés au nom du pouvoir et du profit. Cela érode le sens de l'unité et de l'objectif commun, et suscite la méfiance et les divisions. Participer à notre démocratie devient épuisant et même une désillusion ».

Cette mise en garde est tombée comme un couperet.

La confiance est un pilier fondamental des institutions, des économies et des systèmes. Si la démocratie repose sur la confiance, les systèmes démocratiques exigent une forme équilibrée de confiance qui autorise la critique et l'opposition. Les gouvernements ne peuvent pas toujours recourir à des campagnes de propagande fondées sur des mensonges pour maintenir la confiance[12].

Pendant ce temps, de nombreux régimes autocratiques assoient leur domination et leurs campagnes de désinformations sous forme d'ingérence étrangère. Les mouvements pro-démocratiques du monde entier sont confrontés à une répression brutale, tandis que les démocraties occidentales font face à des récits et à des acteurs qui menacent leurs fondements mêmes. Rétablir la confiance et améliorer l'image des démocraties représente un défi de taille dans notre monde globalisé où l'information et la désinformation sont instantanées. Malgré ces défis, les démocraties restent des bastions pour les résidents européens et, jusqu'à récemment, pour les demandeurs d'asile, tant que les institutions protègent encore la liberté d'expression, de parole et de mouvement. Bien que les récents débats sur l'asile en Europe puissent menacer les normes en matière de droits humains, les principes fondamentaux et les piliers de la démocratie tiennent encore debout. Dans le contexte actuel, les démocraties font preuve d'une remarquable résilience à la déstabilisation, même si les mouvements illibéraux et populistes gagnent du terrain dans des pays comme l'Allemagne, la Belgique, la France, l'Italie, la Roumanie, la Bulgarie et l'Autriche. Pourtant, les régimes démocratiques restent intrinsèquement vulnérables et dépendent du maintien d'un niveau adéquat de confiance de la part du public. Dans ce contexte, semer la méfiance dans les institutions fédérales à coup de désinformation, d'exagérations et de sarcasmes comme le fait l'administration de Donald Trump aux États-Unis, risque d'ébranler fortement la démocratie américaine et les fondements des démocraties ailleurs dans le monde.

Mais *Imaginez encore un monde où les élections libres cèderaient la place à des abus de pouvoir et à la fin des libertés, alors que les citoyens resteraient apathiques.*

Références

Almond G., Verba S. *The civic Culture,* Princeton University Press, 1963.

Barber B. *The Logic and Limits of Trust,* New Brunswick, Rutgers University Press, 1983.

[12] En ce sens, la nature de la confiance dans les démocraties diffère fondamentalement de celle qui prévaut dans les régimes autocratiques.

Bauer M., Cahlíková J., Chytilová J., Roland G., Želinský T. « Shifting Punishment onto Minorities: Experimental Evidence of Scapegoating », *The Economic Journal*, Volume 133, Issue 652, 1626-1640, May 2023. <https://doi.org/10.1093/ej/uead005>.

Bernoux P. and Servet J.M. *La construction sociale de la confiance*, Paris, éditions Montchrestien, 1997.

Bianco W.T. *Trust, Representatives and constituents*, Michigan, Michigan Press of University, 1994.

Bollmann, H.S., Gibeon, G. « La diffusion de documents piratés sur Twitter : Une menace pour la démocratie ? A case study of the 2017 Macron Leaks », Thèse de doctorat, Hertie School, 2022.

Braithwaite V., Levi M. *Trust and Governance*. Russell Sage Foundation, RSF Series on Trust, New York, 1998.

Bourdieu P. *La misère du monde*, Paris, Le Seuil, 1993.

Burch S., Shaw A. Dale A., Robinson J. « Triggering transformative change: a development path approach to climate change response in communities », *Climate Policy*, Vol. 4, 467-487, 2014. <https://doi.org/10.1080/14693062.2014.876342>.

Cappella J.N., Jamieson K.H. *Spiral of Cynism*, New York University Oxford Press, 1997.

Cervi L., Carrillo-Andrade A. « Post-vérité et désinformation : Utilisation de l'analyse du discours pour comprendre la création de récits émotionnels et rivaux dans le Brexit », *ComHumanitas: revista científica de comunicación*, *10*(2), 125-149, 2019.

Dasgupta P. « Trust as a commodity », in Gambetta D. *Trust: Making and breaking cooperative relations*, Oxford, Blackwell publishers, pp. 49-72, 1988.

De Araujo Arosa Monteiro R., Ferraz de Toledo R., Roberti Jacobi R. « Dialogue Method: a proposal to Foster intra and inter-community Dialogic Engagement »,*Journal of Dialogue Studies*, Special issue, Dialogue with and among the Existing, Transforming and Emerging Communities, Vol 9, 165-183, 2021. DOI : <10.55207/FWCB1722>.

Deutsch M. « Trust and Suspicion », *Conflict Resolution*, Number 2 (Vol 8), 1958.

Dogan M., Highley J. *Elites, crises et origines des régimes*, New York, Rowman and Littlefield, 1998.

Dorenspleet R. « The structural context of recent transitions to democracy », *The European journal of political research*, N° 43, Vol 3, mai 2004.

Dunn J., *Trust and political agency*, États-Unis Harvard University Press, 2000.

Etienne B. *Islam, Les Questions qui fâchent*, Hachette, 2002.

Foley M., Edwards B. « Is it time to disinvest in social capital? », *Journal of Public Policy*, n° 19, pp. 141-174, 1999.

Fukuyama F. *Trust: the social virtue and the creation of Prosperity*, New York, Free Press, 1995.

Fine G.A. « Rumeur, confiance et société civile : Collective Memory and Cultures of Judgment », *Diogène*, *54*(1): 5-18, 2007. DOI: <10.1177/0392192107073432>.

Funtowicz S. « From risk calculations to narratives of danger » *Climate Risk Management*, 27, *100212* 2020. DOI: <https://reader.elsevier.com/reader/sd/pii/S2212096320300024?token=B6CBEA02054999EE756B04F666D4701C3905CDF460510AD1F52DF26A57DFF692EC212672A58C4D7A49A536076F984FAB&originRegion=eu-west-1&originCreation=20210808171814>. Last accessed 08.08.2021.

Gaborit P. *Restaurer la confiance après un conflit civil*, L'Harmattan, 2009a.

Gaborit P. « La confiance après un conflit ou la confiance désenchantée », in Bertho A., Gaumont-Prat H., Serry H. *Colloque international La confiance et le conflit*, Université Paris Vincennes Saint Denis, 2009b.

Gaborit P. *Learning from Resilience Strategies in Tanzania, an Outlook of International Development Challenges*, Peter Lang, 2021. DOI: <https://www.peterlang.com/document/1152350>.

Gaborit P. « Resilience and Climate Disaster Management in Cities: Transformative Change and Conflicts », *Journal of Peacebuilding & Development*, special issue, Nov. 2022 (b), DOI: <0 10.1177/15423166221128793>.

Gaborit P. « Climate Adaptation to Multi-Hazard Climate-Related Risks in Ten Indonesian Cities: Ambitions and Challenges », *Climate Disaster Risk*, Vol 37, 100453, 2022 (b). <https://doi.org/10.1016/j.crm.2022.100453>.

Gaborit P. 2022c (Ed.). « Climate Adaptation and Resilience: Challenges and Potential solutions », *Anticipatory governance, Planning and Dialogue 2022, Peter Lang*, 2022c.

Gamson W.A. *Power and Discontent*, Belmont Dorsey, 1968.

Giddens A. *The consequences of modernity*, Stanford, Stanford University Press, 1990.

Giddens A. *Modernity and self-identity*, Stanford, Standford University Press, 1991.

Girard R. *The Scapegoat*, Johns Hopkins University Press, 1986.

Grabner-Kräuter S. « Recherche empirique sur la confiance en ligne. A Review and Critical Assessment », *International Journal of Human-Computer Study*, 2003. DOI: <10.1016/S1071-5819(03)00043-0>.

Goodhart D. *The road to somewhere: The populist revolt and the future of politics*, London, Hurst and Company.

Hamm J.A., van der Werff L., Osuna A.I., Blomqvist K., Blount-Hill K.L., Gillespie N., Tomlinson E.C. « Capturing the conversation of trust research », *Journal of Trust Research*, *14*(1), 1-7, 2024. <https://doi.org/10.1080/21515581.2024.2331285>.

Hardin R. « The street-level-epistemology of trust », *Politics and Society*, *n°* 21, pp. 505-529, 1993.

Hardin R. *Trustworthiness*, New York, Russel Sage foundation, 1996.

Hardin R. (Ed.). *Trust and Trusworthiness*. New York, Russel Sage foundation editions, collection on trust, volume 4, 2002.

Hardin R. (Ed.). *Distrust*, NYC, Russell Sage Foundation, 2004.

Harris L.M., Chu E., Ziervogel G. *Negotiated Resilience*. EDGES, Institut des ressources, de l'environnement et de la durabilité, Université de Colombie britannique, 2017.

Hersh M.A. « Barriers to ethical behaviour and stability: Stereotyping and scapegoating as pretexts for avoiding responsibility », *Annual Reviews in Control*, Volume 37, Issue 2, 365-381, 2013. <https://doi.org/10.1016/j.arcontrol.2013.09.013>.

Hetherington M.J. « The political relevance of political Trust », *American Political Science Review*, n° 92, pp. 791-808, 1998.

Hodge R., Kress G. *Social Semiotics*, Cambridge, Polity, 1988.

Inglehart R. *Modernization and Post modernization : cultural, economic and political change in 41 societies*, Princeton, Princeton University Press, 1997.

Khodyakov D. « La confiance en tant que processus : Une approche tridimensionnelle », *Sociology*, London, vol 41 pp. 115-132, 2007.

King K., Wang B. « Diffusion d'informations réelles ou erronées lors d'un événement de crise : A big data driven approach. International Journal of Information Management », 71, 2023. <https://doi.org/10.1016/j.ijinfomgt.2021.102390>.

Koivula A., Malinen S., Saarinen A. « The voice of distrust? The relationship between political trust, online political participation and voting », *Journal of Trust Research*, *11*(1), 59-74, 2021. <https://doi.org/10.1080/21515581.2022.2026781>.

Lazuech G. « Toute confiance est d'une certaine manière confiance aveugle », *Pleins Feux, Variations, n°* 9, 2002.

Levi M. « Social and unsocial capital », *Politics and Society, n°* 24, pp. 45-55, 1996.

Lijphart A. *The politics of accomodation: pluralism and democracy in the Netherlands,* Berkeley, University of California Press, 1968.

Lijphart A. *Democracy in plural societies,* Yale éditions New Haven: University press, 1977.

Lind M. *The new Class War: Saving Democracy from the Managerial Elites,* New York, Portfolio Penguin, 2019.

Livet P. « Gouvernance et confiance », Lecture series, Institut des nouvelles technologies de Namur, January 20, 2007.

Luhmann N. *Trust and Power: Two Works by Niklas Luhmann* [Translation of German originals Vertrauen 1968 and Macht 1975], Chichester: John Wiley, 1979.

Marcel J.C. « Les derniers soubresauts du rationaliste durkheimien : une théorie de l'instinct social de survie chez Maurice Halbwachs », in Deloye Y., Haroche C. *Maurice Halbwachs : Espaces, mémoires et psychologie collective*, Paris, édition publications de la Sorbonne, Sciences Politiques, 2004.

Misztal B.A. « The Notion of Trust », *Social Theory, Policy, Organisation and Society*, *5*(1): 6-15, 1992. DOI: <10.1080/10349952.1992.11876774>.

Möllering G. *Trust, Reason, Routine, Reflexivity*, Oxford, Elsevier, 2006.

Moravcsik A. « Taking preferences seriously: A Liberal Theory of International politics », *International Organization*, vol 4, n° 51, p. 513-533, automne 1997.

Nordlinger E., *Conflict regulation in divided societies*, Cambridge editions Cambridge University Press, 1972.

Orléan A. « La théorie économique de la confiance et ses limites », in Laufer R. and Orillard M. (Dir.), *La confiance en questions*, Paris, édition Harmattan, collection Logiques Sociales, pp. 59-79, 2000.

Oswald M. « The Palgrave Handbook of Populism », 2022. <https://link.springer.com/book/10.1007/978-3-030-80803-7>.

Nyhan R.C. « Changing the paradigm Trust ad Its Role in Public Sector Organizations », *The American Review of Public Administration*, Vol 30, pp. 67-105, March 2000.

Parlement européen, « La Hongrie ne peut plus être considérée comme une démocratie », 2022. <https://www.europarl.europa.eu/news/en/press-room/20220909IPR40137/meps-hungary-can-no-longer-be-considered-a-full-democracy>.

Offe C. *Modernity and the state East West*, Cambridge, Cambridge Press, MIT, 1996.

Putnam R. *Making Democracy work: Civic traditions in Modern Italy*, Princeton University Press, 1993.

Putnam R.D. « The strange disappearance of civic America », *American Prospect*, n° 24, pp. 34-49, 1996.

Scott K.D. « The causal relationship between Trust and the assessed value of management by objectives », *Journal of management*, vol. 6, pp. 157-175, 1980.

Rawls J. *Political Liberlism*, New York, University Columbia Press, 1996.

Rose R. « Russia as an hourglass society. A constitution without citizens », *East European Constitutional review*, pp. 34-42, 1995.

RSF Reporters Sans Frontières : «Classement mondial de la liberté de la presse» 2024 https://rsf.org/fr/classement-mondial-de-la-libert%C3%A9-de-la-presse-2024-le-journalisme-sous-pressions-politiques

Ruscio K.P. « Jay's Pirouette, or Why Political Trust is not the Same as Personal Trust », *Administration and Society*, Vol 5, n° 31, pp. 639-657, November 5, 1999.

Sa'adah A. « Regime Change: Lessons from Germany on justice, Institution building and democracy », *Journal of conflict resolution*, volume 3, N° 50, juin 2006.

Scott K.D. « The causal relationship between Trust and the assessed value of management by objectives », *Journal of management*, vol 6, pp. 157-175, 1980.

Seligman A. *The problem of Trust*, Princeton, Princeton University Press, 1997.

Simmel G. *The sociology*, New York Free press, 1964.

Six F.E., Latusek D. « Distrust: A critical review exploring a universal distrust sequence », *Journal of Trust Research*, *13*:1, 1-23, 2024. DOI: <10.1080/21515581.2023.2184376>.

Stedman S.J. « Spoiler problems in Peace Processes », *International Security*, Vol 22, n° 2, Autumn 1997.

Stedman S.J., « Peace Processes and the challenges of violence », in Darby J., Mac Ginty R., *Contemporary Peace Making: Conflict Violence and Peace Processes*, London and New York, Palgrave-Mac Millan editions, 2003.

Szescynski B. « Risk and Trust: The Performative Dimension », *Environmental Values*, The White Horse Press Cambridge UK, pp. 239-252, 1999.

Sztompka P. *Trust a sociological theory*, New York, Cambridge University Press, 1999.

Sztompka P. « Trust and Distrust and Two Paradoxes of Democracy », *European Journal of Social Theory*, *1*(1), 19-32, 1998.

Thuderoz C., Mangematin V., Harrisson D. *La confiance : approches économiques et sociologiques*, Paris, édition Gaëtan Morin, 1999.

Thuderoz C. *Négociations : essai de sociologie du lien social*, Paris, PUF, 2003.

Institut V-Dem. « Le rapport sur la démocratie 2023 ».

Institut V-Dem. « The democracy Report 2024 » (Rapport sur la démocratie 2024).

Warren M.E. « Deliberative democracy and authority », *Revue de Sciences Politiques américaines*, pp. 46-60, 1990.

Wheeler N. « Trust Building in international relations », *Peace Prints*, 2011. <https://wiscomp.org/peaceprints/4-2/4.2.9.pdf>.

Zuiderveen Borgesius F. « Discrimination, intelligence artificielle et prise de décision algorithmique », Conseil de l'Europe, Direction générale de la démocratie, 42, 2018.

Nouvelles technologies et pouvoir

> Le télé-écran recevait et transmettait simultanément. Tout son émis par Winston, au-delà d'un très faible murmure, est capté par l'écran ; de plus, tant qu'il reste dans le champ de vision commandé par la plaque métallique, il peut être vu et entendu. Il n'y a bien sûr aucun moyen de savoir si l'on est surveillé à un moment donné. La fréquence ou le système sur lequel la Police de la Pensée se branchait sur un fil individuel n'était qu'une supposition. Il était même concevable qu'elle surveille tout le monde en permanence. Quoi qu'il en soit, elle pouvait se brancher sur votre fil quand elle le voulait. Vous deviez vivre – et vous viviez, par habitude devenue instinct – dans l'idée que chaque bruit que vous faisiez était entendu et, sauf dans l'obscurité, que chaque mouvement était scruté. (Georges Orwell, *1984*)

L'extrait ci-dessus concernant le télé-écran est tiré du premier chapitre de *1984*. Il fait partie des premières descriptions de la vie quotidienne de Winston Smith sur la piste d'atterrissage n° 1, où Orwell présente les outils oppressifs du Parti, dont le télé-écran. Cet appareil, qui contrôle les activités visuelles et sonores, symbolise la surveillance omniprésente du Parti et l'absence de vie privée dans le monde dystopique d'Orwell. Ce passage montre comment les nouvelles technologies, lorsqu'elles sont contrôlées par un pouvoir centralisé, peuvent être utilisées comme des armes pour surveiller, manipuler des individus. Le télé-écran – un dispositif fictif mais prémonitoire – sert de métaphore aux technologies de surveillance invasives qui privent les gens de leur vie privée et de leur autonomie. La description d'Orwell sonne comme un avertissement sur la façon dont les progrès technologiques incontrôlés peuvent devenir des outils d'oppression plutôt que de progrès.

* * * * * *

L'histoire a été façonnée par des batailles, des révoltes, des révolutions et des évolutions. Le XXe siècle a été marqué par deux guerres mondiales, l'opposition de deux blocs pendant la guerre froide et la course aux armes nucléaires et thermonucléaires. Ces événements ont défini une ère de conflits intenses et de progrès technologiques rapides visant à acquérir une supériorité militaire et idéologique. Le XXIe siècle, bien que plus pacifique, se caractérise par l'incertitude, la montée des puissances multipolaires et la diffusion de nouvelles technologies capables de contrôler les citoyens et les esprits. Jamais dans l'histoire, il n'a été possible de contrôler autant de populations de manière aussi efficace et complète. Des instruments tels qu'Internet, créés pour renforcer la liberté et faciliter la communication, ont été transformés en outils de pouvoir par des gouvernements, des entreprises ou des acteurs malveillants.

La question se pose alors : quelles sont les principales caractéristiques de ces développements technologiques et comment ont-ils été utilisés ? Malheureusement, la recherche n'a pas encore dévoilé tous les impacts de l'utilisation des nouvelles technologies par les régimes démocratiques et non démocratiques. Toutefois, certaines tentatives ont été faites pour définir les principales tendances et caractéristiques de ses utilisations. Les technologies de surveillance, l'analyse des données, l'intelligence artificielle et la manipulation des réseaux sociaux figurent parmi les principaux outils utilisés par certains régimes. Des pays comme la Chine ont donné l'exemple du contrôle des citoyens jusque dans leur vie privée et leur intimité, en employant un vaste réseau de caméras de surveillance et des technologies avancées de reconnaissance faciale pour surveiller et réprimer la dissidence (Strittmatter, 2021). Mais les mêmes technologies sont également utilisées dans les pays occidentaux et dans les pays en développement ou tiers, par exemple au Rwanda en Turquie ou en Iran.

Le système de crédit social est un autre exemple du potentiel de la technologie pour contrôler et influencer les comportements. Ce système attribue des notes aux citoyens en fonction de leur comportement, récompensant la conformité et punissant la déviance. Est-ce là le miroir déformant d'un monde façonné par la technologie ? Sommes-nous sur la voie de la servitude volontaire, voulue et organisée par les géants du numérique et une idéologie sécuritaire omniprésente ? Les exemples ci-dessus ne sont pas l'épouvantail exotique d'un autre monde, mais la vision de ce que la technologie permet lorsqu'elle est mise en œuvre sans contrôle.

L'utilisation de la technologie à des fins de contrôle, et de pouvoir ne se limite pas à certaines dictatures ou autocraties. De nombreux pays ont également adopté diverses formes de surveillance et de contrôle numériques. En Russie, le gouvernement a investi massivement dans la surveillance des activités en ligne et la suppression de l'opposition. De même, dans certains pays du Moyen-Orient, dont l'Iran, les gouvernements utilisent la technologie pour réprimer la dissidence et contrôler le flux d'informations. Même dans les sociétés démocratiques, l'équilibre entre la sécurité et la vie privée suscite des inquiétudes croissantes, car les gouvernements et les entreprises collectent de grandes quantités de données sur leurs citoyens.

Enfin, les gouvernements européens ont défini des réglementations visant à protéger les citoyens, qui pourraient s'avérer insuffisantes à l'avenir en raison de l'essor de nouvelles technologies de plus en plus avancées. Le règlement général sur la protection des données (RGPD) de l'Union européenne est l'une de ces tentatives pour protéger les données personnelles et la vie privée. Cependant, comme la technologie continue d'évoluer, il est urgent de mettre à jour les réglementations pour qu'elles puissent répondre efficacement aux nouveaux défis posés par ces avancées. La communauté internationale doit établir des normes et des standards qui puissent empêcher l'utilisation abusive des technologies tout en promouvant leur potentiel innovant. La loi européenne sur l'IA (AI Act) est une première tentative en ce qui concerne l'Europe.

Les avantages des technologies émergentes sont en effet souvent mis en avant pour montrer comment elles peuvent améliorer la vie des citoyens, par exemple en améliorant la rentabilité des services, en faisant progresser les soins de santé, etc. (Bostrom, 2014 : 77-78, Schwalbe & Wahl, 2020). Toutefois, les nouvelles technologies comportent également des risques et peuvent nuire aux individus et à la société. Il est difficile d'identifier ces dommages car ils sont basés sur des probabilités statistiques, compliquées à déterminer étant donné le peu de données empiriques disponibles sur la toxicité potentielle d'une technologie (Elliott et al., 2011 : 3). Même lorsque les chercheurs tentent de faire la distinction entre les risques statistiques et les simples incertitudes entourant la technologie, leurs interprétations des données restent subjectives et sujettes à débat (Elliott et al., 2011 : 10).

L'évaluation des risques liés à des technologies telles que l'IA est essentielle pour garantir leur mise en œuvre optimale, certains experts préconisant de retarder l'adoption de l'IA jusqu'à ce que les inconvénients potentiels soient bien compris (Grans, 2024). Ce chapitre identifiera les principales tendances, notamment les cybermenaces, l'internet des objets, les la 5G et les vulnérabilités accrues dans la première partie (partie I), puis examinera l'IA et l'utilisation de l'IA avec d'autres technologies telles que la surveillance et la reconnaissance faciale, qui ont suscité de vives inquiétudes en raison de leur impact potentiel sur les citoyens, conduisant à ce que certains experts ont appelé le « capitalisme de surveillance » (Zuboff, 2020). Il abordera également les technologies à haut risque (partie II), notamment le stockage des données biométriques, la reconnaissance faciale et la surveillance massive, ainsi que leurs applications en temps de guerre (par exemple en Ukraine) et leur utilisation potentielle par les gouvernements en temps de paix.

Ce chapitre démontrera que, si les nouvelles technologies promettent d'améliorer nos vies d'innombrables façons, elles comportent également le risque d'être utilisées à des fins de contrôle et d'oppression. Il est impératif que nous restions vigilants et proactifs afin de garantir que ces outils puissants soient utilisés de manière responsable et éthique. Les leçons tirées des régimes autocratiques nous rappellent brutalement ce qui peut arriver lorsque la technologie est utilisée sans contrôle ni contrepoids. L'avenir de la technologie et de la liberté dépend donc de nos efforts collectifs pour trouver le juste équilibre entre l'innovation et la réglementation.

I. Les principales tendances

L'idée d'un cyberespace juste et libre n'a pas fait long feu. John Perry Barlow (1947-2018) a appelé en 1996 à une déclaration d'indépendance de l'Internet : « Nous devons appeler à une civilisation de l'esprit dans le cyberespace, plus humaine et plus juste que celle des gouvernements » (Gomart, 2020). Mais les choses ont évolué, et avec l'essor des nouvelles technologies, le besoin de collecter et de contrôler les données a émergé au niveau mondial. Les experts estiment que la mondialisation et la numérisation sont indissociables. Selon les estimations, entre 2005 et 2016, le flux de données en ligne a été multiplié par 80.

Les services offerts par les grandes plateformes numériques ont inondé l'ensemble de l'économie et tous ses secteurs. Les conditions d'utilisation régulent nos vies autant que les législations nationales. Ces plateformes, telles que Google, Facebook ou Amazon, se sont tellement intégrées à notre vie quotidienne que leurs politiques ont un impact direct sur nos sociétés.

Pour les gouvernements, la collecte de données pose des problèmes de sécurité et de souveraineté, et pour les entreprises, elle est essentielle à la création de valeur. Pour les utilisateurs, elles offrent de nouveaux services au risque de porter atteinte à la vie privée ou à l'anonymat. L'équilibre entre les avantages de ces services et les risques potentiels pour les libertés individuelles et la vie privée est délicat. Cette dynamique a donné lieu à un débat permanent sur les droits des individus par rapport aux besoins des États et des entreprises.

Cette omnipotence est accentuée par l'essor de l'intelligence artificielle (IA). Les États prennent conscience de ce que l'on appelle le « capitalisme de surveillance » (Gomart, 2020 : 161), qui repose sur l'extraction et l'utilisation de données personnelles à l'insu des individus en utilisant des méthodes telles que le « scrapping » en ligne (Zuboff, 2020). Cette forme de capitalisme repose fortement sur la capacité à prédire et à influencer le comportement humain, créant ainsi un nouveau type de structure de pouvoir économique et social.

Les individus peuvent désormais être profilés instantanément. Nous sommes passés d'une consommation de masse à une consommation personnalisée, créant des réflexes instantanés. Cela conduit de plus en plus à un profilage intime du consommateur (Gomart, 2020 : 164, Tonon, 2020, Smuha, 2023), rendu possible par le contrôle parfait des flux continus d'informations personnelles capturées et quantifiées par des algorithmes. Ces algorithmes peuvent prédire nos préférences, nos comportements et même nos actions futures avec une précision étonnante, ce qui soulève des préoccupations éthiques et morales.

Les autorités publiques européennes se retrouvent dans le rôle de régulateur dans la guerre des données que se livrent la Chine et les États-Unis, avec le RGPD règlement global de protection des données, l'acte Unique Digital (DSA) et l'acte sur l'IA. En utilisant une métaphore, les plateformes numériques prennent en charge les fonctions gouvernementales traditionnelles, tandis que les États fonctionnent de plus en plus comme des réseaux. Cette évolution a conduit à une imbrication des ressources et a créé des systèmes décentralisés – tant publics que privés – qui collectent en permanence des données personnelles (Gomart, 2020).

Cette interconnexion transforme fondamentalement les relations de pouvoir entre les institutions publiques et les citoyens, ainsi qu'entre les pays.

Données et vie privée

La protection des données est cruciale car elle permet de préserver la vie privée, d'assurer la sécurité financière et de maintenir la confiance dans les systèmes numériques. Lorsque des données sont compromises, cela peut entraîner des usurpations d'identité, des arnaques financières et de graves atteintes à la vie privée. À plus grande échelle, la protection des données est essentielle au maintien de la sécurité nationale et à la protection des infrastructures critiques. La fuite ou l'utilisation abusive d'informations sensibles peut perturber les services et même menacer la sécurité nationale. La confiance dans les systèmes numériques et les transactions en ligne dépend également de la sécurité des données. Par essence, des mesures robustes de protection des données sont fondamentales pour la protection de la vie privée, la sécurité financière, la sécurité nationale et la confiance globale dans les plateformes numériques.

Simultanément, les organisations peuvent s'attendre à être de plus en plus touchées par des fuites de données provenant de modèles d'IA compromis, de logiciels malveillants alimentés par l'IA et d'hameçonnage (phishing). L'exploitation des données est devenue un nouvel instrument de pouvoir, les données étant considérées comme « le nouveau pétrole » et étant collectées par les grandes entreprises ainsi que par les autorités publiques.

En 2000, l'UE et les États-Unis ont signé l'accord Safe Harbour, qui autorisait le transfert des données des citoyens européens vers des entreprises américaines. Cet accord a été invalidé par la Cour de justice en 2015 (arrêt Schrems I). Le Privacy Shield, son successeur, a été invalidé par la même cour (arrêt Schrems II) en juillet 2020, mettant en évidence l'absence de recours pour les citoyens européens lorsque leurs données étaient transférées et exploitées aux États-Unis, notamment par le FBI et la NSA. Il aura fallu 15 ans pour que les Européens prennent la mesure du problème. Les groupes américains ont bénéficié d'un vaste marché intérieur moins réglementé. L'UE, plus fragmentée, n'a pas pu bénéficier du même effet d'échelle ni développer des services performants. L'Union européenne a réagi en 2018 avec le RGPD-GDPR, qui vise à « redonner aux citoyens le contrôle de leurs données personnelles. Mais arrivé tardivement et mal appliqué, le RGPD ne parvient pas à protéger les données sensibles. Le problème est à la fois réglementaire et industriel, car l'Europe manque d'hébergeurs cloud de classe mondiale pour protéger ses données, comme celles de la santé et de l'éducation » (Gomart, 2020 : 165, Tonon, 2020, Wach et al., 2023).

Le Règlement général sur la protection des données (RGPD ou GDPR) en anglais représente en effet une tentative d'apporter une réponse réglementaire et juridique à la politique et à l'industrie de l'UE. Toutefois, l'application et l'efficacité du RGPD) n'ont pas été uniformes dans les États membres ni même dans les diverses instances européennes, ce qui a conduit à des niveaux variables de protection des données et de conformité. Cette incohérence peut compromettre l'objectif global de ce règlement, qui est de créer un cadre harmonisé de protection des données dans toute l'UE (Solove, 2022, Smuha, 2023). En outre, le rythme rapide des avancées technologiques dépasse souvent la capacité des cadres réglementaires à suivre, ce qui entraîne des lacunes et des failles qui peuvent être exploitées.

Cyberattaques, attaques hybrides et ingérence étrangère

Les cyberattaques sont des attaques digitales qui compromettent la confidentialité, l'intégrité et/ou la disponibilité des ordinateurs et des réseaux informatiques et/ou des informations qu'ils contiennent (Kim et al., 2012). Elles sont en augmentation et sont devenues monnaie courante. Comme exemple parmi tant d'autres, en octobre 2024, un groupe pro-russe a lancé une cyber-attaque contre des villes et des provinces belges dont les réseaux informatiques sont restés indisponibles pendant une demi-journée[13]. L'objectif des attaquants n'était pas de voler des données (personnelles), mais de perturber les systèmes d'information. L'attaque a pu être retracée jusqu'à la Russie par le Centre belge de cybersécurité. Ceci s'inscrit dans un cadre plus vaste de guerre hybride.

Ces dernières années, des collectifs de hackers ont ciblé plusieurs pays européens soutenant l'Ukraine, et cette attaque spécifique a justement été considérée comme une réponse à la promesse de la Belgique d'acheter des armes Caesar et d'en faire don à l'Ukraine.

En 2024, l'Europe a en effet été confrontée à une série de cyberattaques menées par des pirates informatiques de pays comme la Russie et la Chine, ciblant des personnalités politiques et des institutions publiques[14] La prise de conscience européenne a émergé après la cyberattaque de 2007 contre l'Estonie, l'attaque généralisée NotPetya en 2017, et le ransomware « Wannacry » qui s'est propagé la même année.

La sécurisation du cyberespace est devenue un défi majeur en raison de la sophistication et de la gravité des conséquences de ces attaques (Forum Cybersec Mai 2025). Les attaques modernes impliquent une coordination

---

13 <https://www.vrt.be/vrtnws/en/2024/10/07/pro-russian-group-launches-cyber-attack-on-belgian-cities-and-pr/>.

14 <https://www.politico.eu/article/europe-cyberattacks-russia-china-uk-ministry-of-defence-hacks/>.

complexe entre les pirates informatiques au-delà des frontières internationales. Leur motivation est passée de la recherche de sensations fortes à celle de gains financiers et militaires, créant ainsi un cycle vicieux (Kim et al., 2012). Dans ce cadre, la complexité vient du fait que la majorité des cybercriminels restent impunis, leurs compétences dépassant souvent celles des autorités internationales chargées de les arrêter[15].

Les cyberattaques sont lancées par des groupes coordonnés de criminels de différents pays, chacun disposant d'une expertise spécifique. Par exemple, une personne rédige des courriers électroniques (spams), une autre contrôle un botnet (réseau d'ordinateurs compromis utilisés pour des attaques), une autre gère des serveurs qui collectent des données volées telles que des noms et des numéros de cartes de crédit, tandis qu'une autre convertit ces informations en argent et le distribue parmi les membres du groupe[16]. Selon les experts des agences de sécurité, l'aspect international de ces affaires peut impliquer plusieurs agences chargées de l'application de la loi de différents pays. L'Union européenne elle-même est fragmentée, mais comme nous l'avons vu lors des dernières cyberattaques, les agences de cybersécurité de divers pays sont en mesure de restaurer les systèmes plus ou moins rapidement.

Les cybermenaces sont en effet également susceptibles de constituer un danger pour la sécurité nationale des pays et de mettre en péril les infrastructures critiques de ces derniers. Elles sont susceptibles de divulguer des informations sensibles sur la politique nationale, la stratégie militaire et même les systèmes d'armement pourraient également tomber entre les mains de pays tiers ou d'adversaires. L'interruption des chemins de fer français avant les Jeux olympiques de l'été 2024 est un autre exemple de menace.

La difficulté réside dans le fait que la menace peut provenir de gouvernements étrangers, de groupes criminels organisés transnationaux et d'agences terroristes.

L'intelligence artificielle (IA) rend également les cyberattaques et la cybercriminalité plus sophistiquées, ce qui présente des risques importants pour les citoyens. Une cyberattaque désigne tout effort visant à modifier, perturber ou détruire des systèmes informatiques, des réseaux ou les informations qu'ils

---

[15] <https://www.scworld.com/feature/border-crossing-fighting-international-cyber crime>.

[16] ibidem

contiennent (Waxman, 2011 : 422). L'IA alimente la montée en puissance d'une nouvelle génération de cybercriminels capables de lancer des attaques très ciblées et complexes à une vitesse et à une échelle grand V. Ces attaques alimentées par l'IA peuvent contourner les systèmes de sécurité traditionnels basés sur des règles, en utilisant ce que l'on appelle « l'IA offensive » pour ne pas être détectées (Guembe et al., 2022 : 2).

L'IA peut être appliquée de nombreuses façons pour améliorer les cyberattaques. L'utilisation de logiciels malveillants auto-apprenants et la génération automatisée de domaines sont deux méthodes de premier plan qui permettent aux attaques d'évoluer et de s'adapter en temps réel. L'IA est également utilisée pour le ciblage intelligent des profils, l'amélioration de la collecte de renseignements, l'optimisation des logiciels malveillants (Guembe et al., 2022, : 19-21).

Les citoyens ordinaires sont particulièrement préoccupés par l'utilisation de l'IA pour craquer les mots de passe, ce qui menace directement la sécurité des données personnelles. L'IA peut être employée dans trois méthodes principales d'attaques de mots de passe : les attaques par force brute, la devinette de mot de passe et le vol de mot de passe (Guembe et al., 2022, p. 22). Un exemple alarmant est l'application d'un système d'IA appelé assGAN. Dans un scénario réel, assGAN a réussi à déchiffrer 24,2 % (10 478 322) des 43 354 871 mots de passe uniques, suite à un piratage de données sur le site LinkedIn en utilisant uniquement un ensemble de données de mots de passe communs connus sous le nom de RockYou – sans aucun accès préalable aux ensembles de données de LinkedIn (Guembe et al., 2022, : 22). Cela démontre le potentiel dévastateur des attaques pilotées par l'IA pour compromettre la sécurité personnelle à grande échelle sans que la personne attaquée ne s'en rende compte. L'IA générative peut par ailleurs facilement aider des criminels et des escrocs à copier des documents officiels, à créer de fausses voix et même à réaliser de fausses vidéos à partir d'images réelles trouvées sur internet.

Les brouteurs, ou arnaqueurs en ligne, par exemple, ciblent souvent des personnes vulnérables à travers des profils falsifiés et des récits trompeurs. Avec les avancées technologiques, notamment l'IA, ces arnaques deviennent de plus en plus sophistiquées, utilisant des images réalistes générées par IA et des conversations automatisées pour gagner en crédibilité et manipuler leurs victimes. Les risques incluent des pertes financières, des traumatismes émotionnels, des vols d'identité et même des atteintes à la réputation, les arnaqueurs pouvant détourner des informations personnelles

Les experts européens ont identifié trois grandes tendances (Gehem et al., 2015).

- L'émergence d'une nouvelle économie cybercriminelle (par exemple, avec le ransomware et le phishing).
- La dépendance des économies étatiques à l'égard des grandes plateformes internet.
- Une prépondérance de la guerre hybride avec les cyberattaques, mais aussi l'utilisation d'armes cybernétiques.

Les armes cybernétiques ont connu une visibilité médiatique significative au cours du conflit israélo-libanais de 2024, avec notamment l'utilisation stratégique par Israël d'appareils de radiomessagerie compromis qui se trouvaient à proximité de dirigeants du Hezbollah avant d'être déclenchés. Ces outils cybernétiques sophistiqués représentent une nouvelle frontière dans la technologie de la guerre moderne. Les armes cybernétiques remplissent aujourd'hui de multiples fonctions essentielles, principalement la localisation des forces ennemies et les systèmes avancés de reconnaissance faciale. Si ces outils technologiques de guerre ont été déployés dans le conflit ukrainien, ils ont été largement utilisés dans des opérations militaires impliquant Israël, le Hamas et le Hezbollah, marquant ainsi une évolution significative dans les tactiques de guerre contemporaines. Cependant, malgré leur potentiel théorique de sauver des vies, les armes cybernétiques n'ont pas empêché les violations massives des droits de l'homme à Gaza, ni les crimes de guerre.

En conclusion, la cybersécurité est devenue un défi croissant, utilisé pour la guerre hybride avec des cyberattaques et des perturbations. Elle implique des gouvernements étrangers, des acteurs malveillants, mais aussi des « cyber mercenaires » et rend les poursuites judiciaires extrêmement compliquées, ce qui explique que les auteurs de cyberattaques restent invisibles et impunis. Les États-Unis et les pays européens ont créé des agences de cybersécurité puissantes et agissent de manière réactive pour rétablir les connexions lorsqu'ils sont confrontés à des attaques. Les cyberattaques et la cybersécurité deviennent donc l'un des véritables défis de l'utilisation du pouvoir et de la géopolitique. Mais les attaques autant que les systèmes de sécurité sont susceptibles de porter atteinte à la vie privée et aux droits individuels. Et les médias ne sont bien sûr pas toujours informés de l'ensemble des processus, qui restent pour la plupart invisibles. Cela dit, depuis 2022 et l'invasion de l'Ukraine, les gouvernements nationaux européens comme la Lettonie, l'Allemagne, la France et la Belgique ont essayé de mieux communiquer sur la cybersécurité et les cybermenaces. On s'attend à ce que la 5G, l'internet des objets et l'utilisation de l'IA renforcent les menaces hybrides et les cyberattaques. Cyber Ark (2024 : 7) prévoit une augmentation sans précédent du volume et de la sophistication des attaques, car les acteurs malveillants, qualifiés ou non, peuvent tirer parti de l'IA pour intensifier leurs attaques. Les types d'attaques seront plus difficiles à détecter car l'IA automatisera et personnalisera le processus d'attaque. En outre, la combinaison de la technologie IoT (Internet of Things ou Internet des Objets) et des réseaux 5G/6G pourrait amplifier l'impact des cyberattaques.

L'internet des objets (IoT) – 5G et 6G

500 milliards d'objets pourraient être connectés d'ici 2030 (Internet des objets). L'enjeu est de capter et d'exploiter ces nouveaux flux de données industrielles à haute valeur ajoutée. Le rôle de la puissance de calcul va également entrer en jeu. La 5G envoie des signaux directement aux utilisateurs, avec des débits dix fois plus élevés, et permettra de gérer des villes intelligentes, les caméras connectées, l'automatisation industrielle et des transports, les véhicules autonomes et les applications de télésanté Gomart 2020:166). Avec la 5G, les utilisateurs doivent faire confiance au fournisseur, ce qui explique les récents débats dans les pays occidentaux pour évaluer si Huawei (le principal groupe chinois) est un fournisseur fiable.

La Cour des comptes européenne classe les fournisseurs de 5G dans des catégories de risques et souligne les vulnérabilités créées par les systèmes 5G à la fois en termes de souveraineté (dépendance des gouvernements nationaux et des pays vis-à-vis des fournisseurs) et en termes de protection des données. Les fournisseurs chinois sont classés dans la catégorie des « risques élevés », mais la Cour des comptes européenne souligne également les difficultés rencontrées par plusieurs pays européens dans la mise en œuvre du système 5G, et reconnaît par conséquent que des efforts importants restent à faire en termes de résilience et de protection du système simultanément à son déploiement (Cour des comptes européenne, 2022).

Les implications de la 5G vont au-delà de l'accélération de la vitesse de l'internet. Cette technologie devrait révolutionner divers secteurs, notamment les soins de santé, les transports et l'Industrie. Les villes intelligentes, alimentées par la 5G, seront en mesure de gérer les ressources plus efficacement, améliorant ainsi la qualité de vie de leurs habitants. Cependant, la connectivité accrue soulève également des préoccupations en matière de sécurité, de respect de la vie privée et de risque d'utilisation abusive des données. Le potentiel de la 5G devrait permettre le développement d'une vaste gamme de nouvelles applications et de nouveaux services, ce qui souligne également l'importance de veiller à ce que l'infrastructure et les réseaux mis en place soient sécurisés et résilients.

Le déploiement de la technologie 5G a également des implications géopolitiques significatives. Les pays se disputent le leadership en matière de technologie et d'infrastructure 5G, reconnaissant ainsi son importance stratégique. La concurrence entre les États-Unis et la Chine pour la domination dans ce domaine est particulièrement notable. Les États-Unis ont également exprimé leurs inquiétudes quant aux risques de sécurité posés par des entreprises chinoises comme Huawei, ce qui a conduit à des restrictions et à des interdictions sur l'utilisation des équipements Huawei dans plusieurs pays. Cette rivalité géopolitique autour de la technologie 5G n'est pas seulement une question de concurrence économique, mais aussi de sécurité nationale et de souveraineté technologique. L'émergence de la 6G renforce cette tendance.

La 6G, ou technologie sans fil de sixième génération, est la prochaine étape de l'évolution des communications mobiles, après la 5G. Bien qu'elle n'en soit encore qu'aux premiers stades de son développement, la 6G vise à offrir des vitesses encore plus rapides, une latence plus faible et une plus grande capacité que le système prédécesseur. Capable de traiter plus de données simultanément, la 6G prendra en charge un plus grand nombre d'appareils connectés et d'applications plus exigeantes. La 6G devrait permettre de nouvelles avancées dans les domaines tels que la réalité virtuelle, la réalité augmentée et l'internet de tout (IoE), où tout serait interconnecté et intelligent.

La 6G devrait révolutionner divers secteurs, notamment les soins de santé, les transports, la fabrication et les loisirs, en offrant une connectivité transparente et ultrarapide. Elle devrait cependant ajouter des vulnérabilités aux vulnérabilités existantes et augmenter les possibilités d'acteurs malveillants et d'interférences étrangères, renforçant la nécessité pour l'Europe (et pour d'autres pays) de créer un système indépendant de cloud protégé par l'internet (par exemple, l'Initiative européenne pour le cloud).

II Intelligence artificielle

L'intelligence artificielle (IA) s'impose comme un outil de pouvoir essentiel au XXIe siècle. États et acteurs privés développent des stratégies, certains cherchant à prendre l'avantage, d'autres à conserver leur avance. L'IA offre des capacités d'analyse sans précédent, permettant une prise de décision plus rapide et plus efficace dans de nombreux secteurs. Une distinction clé existe entre l'IA généraliste et l'IA spécialisée : la première inclut les IA génératives et les modèles de langage à grande échelle, tandis que la seconde englobe des applications comme la reconnaissance faciale ou encore les véhicules autonomes. L'IA est souvent comparée à une nouvelle forme d'électricité, capable d'appliquer des algorithmes à presque tous les types de données numériques et d'exécuter des tâches beaucoup plus rapidement que les humains. Cependant, ces capacités ont un coût environnemental important, les systèmes d'IA nécessitant de grandes quantités d'énergie pour l'entraînement et le fonctionnement de modèles à grande échelle.

L'apprentissage automatique, un pilier de l'IA, consiste à entraîner des systèmes sur de vastes ensembles de données pour qu'ils identifient des motifs et fassent des prédictions. Cette technologie accélère la robotisation et l'automatisation des économies industrielles, tandis que les investissements dans des innovations telles que les jumeaux numériques et les logiciels de conception avancés se multiplient. Les grandes plateformes en ligne devraient redéfinir la dynamique industrielle, plaçant les fabricants comme des sous-traitants produisant des biens à la demande, commandés en temps réel (Baldwin, 2019). L'IA devrait aussi transformer le marché du travail, créant une nouvelle répartition des tâches, avec des répercussions potentielles sur l'emploi et les compétences requises.

Enfin, le développement de l'IA repose fortement sur des matériaux et composants clés, en particulier les semi-conducteurs. Les États-Unis continuent de dominer la production de ces semi-conducteurs, créant une dépendance stratégique et intensifiant la compétition technologique avec la Chine[17].

---

[17] En 2018, le déficit commercial de la Chine en matière de semi-conducteurs a dépassé celui des hydrocarbures et a représenté 12 % de ses importations. 75 % des puces d'IA sont produites par l'entreprise américaine Nvidia. TSMC (Taiwan Semiconductor Manufacturing Company) est au cœur de la confrontation technologique sino-américaine. Les autorités chinoises ont lancé un plan de rattrapage d'ici 2025, tandis que les

Malgré ces avancées, la consommation énergétique et l'impact environnemental des technologies de l'IA demeurent des défis majeurs, soulignant l'urgence d'adopter des approches durables alors que l'IA continue de façonner le paysage mondial.

L'histoire de Deepseek est en ce sens intéressante. DeepSeek est un chatbot d'intelligence artificielle chinois, qui a connu une ascension fulgurante depuis son lancement en janvier 2025 juste avant le nouvel an chinois, et juste après le lancement de la stratégie Stargate sur l'IA aux États-Unis. En un record de temps, elle est devenue l'application gratuite la plus téléchargée aux États-Unis. Son modèle R1, désormais open source, prétend rivaliser avec le modèle avancé O1 d'OpenAI.

L'équipe de développement de DeepSeek affirme avoir accompli cet exploit avec un budget inférieur à 6 millions de dollars, un contraste saisissant avec les investissements de plusieurs milliards de dollars des géants technologiques américains comme OpenAI.

Ce succès repose sur l'utilisation de puces Nvidia H800 à capacité réduite, évitant ainsi la dépendance aux puces haut de gamme Nvidia A100, limitées par les restrictions d'exportation américaines[18].

Alors qu'OpenAI a été fondée il y a 10 ans, compte 4 500 employés et a levé 6,6 milliards de dollars en capital, DeepSeek a été créée il y a moins de 2 ans, compterait environ 200 employés et aurait été développée pour moins de 10 millions de dollars, soulevant ainsi des questions sur une éventuelle copie de technologie.

Cette avancée souligne les implications plus larges de la course mondiale à l'intelligence artificielle, notamment dans un contexte où les États-Unis ont durci les contrôles à l'exportation pour restreindre l'accès de la Chine aux semi-conducteurs avancés. Depuis octobre 2023, ces restrictions incluent des interdictions d'exportation sur les puces et les équipements de fabrication de puces, ainsi qu'une interdiction inédite empêchant les citoyens américains d'aider au développement des puces chinoises sans licence[19].

États-Unis cherchent à maintenir leur avantage. L'entreprise européenne ASML, située à Veldhoven aux Pays-Bas, est également dépendante de la technologie américaine.

18 <https://www.deepseek.com/> ; <https://www.scientificamerican.com/article/why-deepseeks-ai-model-just-became-the-top-rated-app-in-the-u-s/t>.

19 <https://www.lemonde.fr/economie/article/2025/01/27/la-start-up-chinoise-deepseek-cree-une-onde-de-choc-sur-le-secteur-de-l-ia_6518928_3234.html?lmd_medium=al&

Ces mesures visent à freiner les avancées de la Chine dans les domaines de l'IA et de la modernisation militaire, tout en permettant aux États-Unis de maintenir leur suprématie technologique. Cependant, les avancées de DeepSeek montrent que des méthodes ingénieuses peuvent contourner ces restrictions, remettant ainsi en question l'efficacité des politiques américaines. Si cela soulève des interrogations sur la position stratégique à long terme des États-Unis, cela met également en lumière le potentiel d'innovations en IA moins coûteuses et plus respectueuses du climat, ouvrant la voie à d'autres entreprises désireuses d'imiter ce succès. Cela pourrait s'avérer d'autant plus vrai que le modèle R1 est conçu en open access (accès libre) et pourrait être imité par d'autres sociétés. DeepSeek-R1 est en effet un modèle d'IA open-source. L'entreprise l'a publié sous la licence MIT, garantissant un accès libre et transparent pour que la communauté puisse utiliser, modifier et développer ses poids de modèle et ses résultats[20].

Cette approche open-source permet aux développeurs du monde entier de modifier et d'intégrer le modèle dans diverses applications, favorisant ainsi l'innovation et la collaboration au sein de la communauté IA.

Eric Schmidt, ancien PDG de Google, a commenté l'importance de DeepSeek. Dans une récente tribune, il a déclaré que l'émergence de DeepSeek marque un « tournant » dans la course mondiale à l'IA.

L'ascension de DeepSeek ne se fait cependant pas sans préoccupations éthiques et géopolitiques majeures. Des critiques ont souligné l'alignement du chatbot sur la propagande de l'État chinois. Par exemple, il qualifie le mouvement indépendantiste taïwanais de « défi à la souveraineté de la Chine » et évite certains sujets sensibles comme la répression des opposants ou des Ouïghours, soit en fournissant des réponses évasives, soit en refusant tout simplement d'aborder ces questions.

En outre, la sécurité des données demeure une inquiétude centrale, car les entreprises chinoises sont tenues par la loi de transmettre leurs données au gouvernement sur demande. Ces craintes rappellent le débat en cours sur TikTok et soulignent l'influence croissante de la Chine dans l'IA, non seulement comme puissance technologique, mais aussi comme outil d'influence politique.

---

amp;lmd_campaign=envoye-par-appli&lmd_creation=android&lmd_source=default>.

20 <https://www.nature.com/articles/d41586-025-00229-6>.

C'est pourquoi plusieurs experts et commentateurs ont déjà appelé le président Donald Trump à prendre des mesures contre DeepSeek, notamment en envisageant son interdiction aux États-Unis[21].

Le développement de l'intelligence artificielle jouera un rôle fondamental dans l'avenir de notre société, de notre économie et de l'ordre mondial. Il devient de plus en plus évident que la rivalité entre superpuissances a déclenché une course mondiale pour dominer ce secteur stratégique. Bien que les avancées récentes marquent une victoire pour la Chine, il serait prématuré de conclure que Pékin est en train de remporter la bataille de l'IA.

De nombreux utilisateurs de ChatGPT en version gratuite, impressionnés par les performances de DeepSeek, perçoivent une avancée révolutionnaire en matière d'IA. Toutefois, cette perception est probablement biaisée par le fait qu'OpenAI réserve ses modèles avancés aux utilisateurs payants depuis un certain temps.

Sur le plan éthique, l'étroite collaboration entre les grandes entreprises technologiques américaines, comme Meta, et le gouvernement fédéral suscite des préoccupations croissantes. La domination des géants américains de la technologie dans la course à l'IA n'est peut-être pas idéale, mais la Chine, avec ses liens bien plus profonds entre ses entreprises technologiques et le Parti communiste chinois (PCC), pose des risques accrus en matière de sécurité des données, de censure et de désinformation.

Cela met en évidence une réalité inquiétante : ni la domination américaine ni la domination chinoise en IA ne semblent optimales lorsqu'elles sont examinées sous l'angle de la confiance des utilisateurs, de la liberté et de l'intégrité éthique. Cependant, à l'heure actuelle, la position des entreprises américaines reste plus favorable et les autres dont celles des pays membres de l'Union européenne risquent d'être laissées pour compte.

Les applications potentielles de l'IA sont vastes et variées. Dans le domaine de la santé, l'IA peut aider à diagnostiquer les maladies, à personnaliser les traitements et à gérer les dossiers médicaux. Dans le secteur financier, l'IA peut détecter les activités frauduleuses, prédire les tendances du marché et

---

[21] <https://www.skynews.com.au/business/tech-and-innovation/chinas-deepseek-ai-is-a-malfunctioning-national-security-threat-filled-with-misinformation-and-propaganda/news-story/219c35e4f6c8596776e5521ae85bcfe7> ; <https://www.skynews.com.au/business/tech-and-innovation/chinas-ai-deepseek-calls-for-taiwan-to-be-returned-malfunctions-when-questioned-about-uyghur-muslims/news-story/dbb0f8df9726d73fd98c79a3bfe76d88>.

automatiser les processus de négociation. Dans le domaine de l'éducation, l'IA peut offrir des expériences d'apprentissage personnalisées, suivre les progrès des élèves et optimiser les tâches administratives. L'influence de l'IA s'étend à d'autres domaines, tels que l'environnement, où elle peut analyser des données provenant de capteurs pour suivre les niveaux de pollution et prédire les catastrophes naturelles. Dans l'agriculture, l'IA peut optimiser le rendement des cultures en analysant l'état des sols, les conditions météorologiques et l'activité des nuisibles.

Toutefois, le développement et le déploiement rapides de l'IA posent également des défis importants. Des considérations éthiques, telles que la partialité des algorithmes, la responsabilité et la transparence, doivent être prises en compte. Le risque de déplacement d'emplois dû à l'automatisation soulève des inquiétudes quant à l'avenir du travail et à la nécessité d'adapter et d'améliorer les compétences de la main-d'œuvre. En outre, la concentration des capacités d'IA dans quelques pays et entreprises pourrait exacerber les inégalités mondiales. Les acteurs politiques, la société civile et les entreprises devraient idéalement travailler ensemble pour créer des cadres qui garantissent que l'IA est développée et déployée de manière responsable, éthique et inclusive.

Les systèmes d'IA présentent des risques uniques qui ne sont pas présents dans les applications logicielles traditionnelles. Ces risques découlent de la complexité des algorithmes d'apprentissage automatique et de leurs environnements opérationnels (Steimers & Schneider, 2022 : 1). Parmi les incertitudes qui méritent d'être mentionnées lors de l'évaluation de l'IA en tant que technologie, notre chapitre aborde les dommages potentiels liés aux biais algorithmiques, la propriété intellectuelle, la protection de la vie privée et l'absence de consentement pour l'utilisation des données, ainsi que l'application de l'IA à des rôles humains, qui peut entraîner un manque de définition des responsabilités en cas d'erreur.

Biais et préjugés algorithmiques

La crainte d'un biais algorithmique préjudiciable est une préoccupation majeure dans le déploiement des technologies de l'IA. Si les systèmes d'IA apprennent à partir des données disponibles, l'hypothèse selon laquelle il en résulterait des représentations neutres du monde réel s'est avérée erronée. En réalité, les algorithmes illustrent et peuvent intensifier les inégalités existantes liées au statut socioéconomique, à la race, à l'origine ethnique, à la religion, au sexe, au handicap ou à l'orientation sexuelle (Panch et al., 2019 : 1-2). Par exemple, il a été constaté que les algorithmes de recherche renforcent les disparités entre les sexes : une recherche sur internet d'image liée au mot Président Directeur Général ou « PDG » n'a donné que 11 % de résultats d'images de femmes, alors que les femmes représentaient 20 % des PDG aux Etats-Unis à ce moment-là. Cela montre que, malgré la surreprésentation des hommes dans ces fonctions, les algorithmes peuvent encore amplifier ces disparités (Panch et al., 2019 : 2). Cette question, connue sous le nom de « répression algorithmique » ou d'« injustice algorithmique » dans la littérature, fait craindre que les systèmes d'apprentissage machine (ML) ne perpétuent ou n'exacerbent les préjugés raciaux et sexistes (Howard, 2010). Un exemple convaincant de Fu et al. (2020) illustre la manière dont les algorithmes d'apprentissage automatique pourraient être utilisés dans les processus d'approbation des prêts bancaires et conduire à des décisions discriminatoires. Il est à craindre que les biais algorithmiques ne causent des préjudices dans le monde réel, en aggravant encore les divisions sociales en fonction de la race, du sexe et d'autres critères d'identité. Mais d'autres dangers nous guettent.

Préoccupations en matière de protection de la vie privée

La collecte de données de géolocalisation par les applications a déclenché de nombreux scandales qui soulèvent des problèmes graves de confidentialité et d'éthique. Sans le consentement éclairé des utilisateurs, de nombreuses applications collectent des données précises de localisation pour les vendre à des annonceurs, à des courtiers en données ou à des entités gouvernementales. Les enquêtes révèlent que les applications de fitness, de météo et de réseaux sociaux suivent les déplacements des individus, exposant des aspects sensibles de leur vie quotidienne, notamment leurs adresses personnelles et professionnelles. Ces informations permettent la publicité invasive, la surveillance et d'autres usages préjudiciables.

La situation est aggravée par l'opacité des pratiques de collecte et l'insuffisance du contrôle réglementaire. Des scandales médiatisés ont exposé des risques majeurs, de l'exploitation des données par des régimes autoritaires aux fuites accidentelles lors de violations de bases de données. Ces incidents soulignent l'urgence de renforcer la protection de la vie privée, le contrôle des utilisateurs et la responsabilité des développeurs d'applications et des courtiers en données.

L'intelligence artificielle est au cœur de l'analyse et de l'exploitation de ces données. Les algorithmes d'IA traitent d'immenses volumes de données de localisation pour identifier des modèles, prédire des comportements et offrir des publicités ou services ciblés. L'IA peut ainsi déduire les habitudes, préférences et relations sociales d'un utilisateur en analysant ses lieux visités, ses trajets et son temps passé dans différentes zones.

Les données de localisation, combinées aux activités sur les réseaux sociaux, aux historiques d'achats et aux données démographiques, enrichissent les modèles d'IA et améliorent leurs capacités prédictives. Cette fusion crée des outils puissants pour les entreprises et gouvernements, tout en soulevant d'importantes questions de confidentialité. Sans protections adéquates, l'analyse des données de localisation par l'IA risque d'encourager des pratiques non éthiques : surveillance intrusive, profilage discriminatoire et manipulation comportementale. L'alliance de l'IA et de la géolocalisation met en évidence le besoin pressant de règles strictes sur la protection de la vie privée.

Le déploiement de l'IA pourrait ainsi faire peser une incertitude sur la protection des données personnelles, car les technologies d'apprentissage automatique dépendent d'un grand nombre de données pour leur formation. En raison de cette dépendance à l'égard des données, il est possible que les applications d'IA traitent des données privées sensibles de citoyens ordinaires, telles que leurs messages, leurs photos ou leurs dossiers médicaux, disponibles sur internet pour garantir l'exactitude de leur propre produit, sans que les personnes soient conscientes que leurs données sont vulnérables (Steimers & Schneider, 2022 : 11). Une analyse documentaire de la recherche sur l'IA dans le domaine de la santé a révélé que très peu d'articles décrivaient la manière dont les chercheurs utilisaient et accédaient à de vastes ensembles de données tels que les dossiers médicaux électroniques d'une manière éthique ou abordaient les questions de consentement éclairé (Schwalbe & Wahl, 2020 : 1583). L'introduction de l'IA dans différents domaines de la société doit s'accompagner d'une prise de conscience et de précautions accrues afin de garantir notre sécurité et notre vie privée.

Propriété intellectuelle

L'essor de l'intelligence artificielle (IA) soulève des défis majeurs en matière de propriété intellectuelle (PI), notamment dans les domaines du droit d'auteur, des brevets et des droits de propriété. L'une des principales préoccupations concerne la paternité et la propriété des contenus générés par l'IA : une intelligence artificielle peut-elle être reconnue comme créatrice ou inventrice, ou les droits reviennent-ils aux développeurs, aux utilisateurs ou à l'entité propriétaire de l'IA ? Cette zone d'ombre juridique a déjà conduit à des litiges autour des œuvres d'art, de la musique, de la littérature et même des inventions produites par l'IA. Du côté des médias, ont émergé des versions de journaux digitaux entièrement synthétiques qui reprennent simplement et automatiquement les données publiées en ligne par de vrais médias, ainsi que des informations non vérifiées. De plus, la capacité de l'IA à s'entraîner sur d'immenses bases de données, en exploitant souvent des contenus protégés par le droit d'auteur sans autorisation explicite, suscite des inquiétudes quant à l'usage équitable, le plagiat et la rémunération des créateurs originaux. Dans des secteurs comme l'édition, le cinéma et le développement logiciel, la production de contenus par IA risque de diluer l'originalité et de fragiliser les protections du droit d'auteur. Alors que l'IA continue de progresser, les législateurs doivent relever le défi de trouver un équilibre entre innovation et créativité, tout en préservant les droits de propriété intellectuelle, afin que le développement de l'IA ne se fasse pas au détriment des artistes, des auteurs et des créateurs et de l'intégrité juridique et intellectuelle.

Transparence et responsabilité

Le manque de transparence en ce qui concerne le fonctionnement interne des applications d'IA a été un sujet de préoccupation lors de l'application de l'IA. La nature « boîte noire » des algorithmes fait référence à une situation dans laquelle le fonctionnement interne ou les processus de prise de décision d'un algorithme sont opaques ou difficilement compréhensibles pour les utilisateurs, les régulateurs ou même les développeurs eux-mêmes (Panch et al., 2019 : 2). L'utilisation potentiellement abusive de l'IA, par exemple la manipulation d'informations, la récupération d'informations personnelles sur les réseaux sociaux ou d'autres actions susceptibles de réprimer ou d'influencer indûment le public dans une société démocratique, souligne l'importance de la transparence des fonctions internes de l'algorithme d'IA, car sans une transparence suffisante de l'IA, son utilisation se heurte aux limites de la responsabilité en cas d'utilisation abusive (Parlement européen, DG des politiques extérieures de l'Union, 2021 : 13).

Usurpation d'identité

Le problème des usurpations d'identité facilitées par l'IA présente de multiples facettes et devient de plus en plus préoccupant à mesure que les technologies de l'IA évoluent. L'IA peut être utilisée pour créer des attaques de phishing très sophistiquées. En analysant de grandes quantités de données, l'IA peut créer des courriels d'hameçonnage personnalisés et convaincants qui sont plus susceptibles de tromper les destinataires. Les outils d'IA peuvent automatiser le processus de collecte d'informations personnelles à partir des réseaux sociaux et d'autres sources en ligne. Ces données peuvent ensuite être utilisées pour établir des profils détaillés d'individus, ce qui permet aux cybercriminels d'usurper plus facilement leur identité. L'IA peut générer des vidéos et des enregistrements audio réalistes (Deepfakes et Voice Spoofing), qui peuvent être utilisés pour usurper l'identité d'une personne de manière convaincante. Cette technologie peut également créer des identités synthétiques qui combinent des informations réelles et fausses, ce qui complique la détection des activités frauduleuses (IMI 2024). L'astroturfing (aussi appelé similitantisme, contrefaçon de mouvement d'opinion ou désinformation populaire planifiée, et parfois désinformation populaire orchestrée) consiste par ailleurs en l'utilisation de techniques de propagande manuelles ou algorithmiques à des fins publicitaires, politiques ou de relations publiques.

L'IA peut également améliorer la sophistication des cyberattaques en identifiant plus efficacement les vulnérabilités et en automatisant les stratégies d'attaque complexes. Il est ainsi plus facile pour les attaquants de pénétrer dans les systèmes et d'usurper des identités (CyberArk 2024).

Enfin, les outils d'IA peuvent automatiser le processus de récupération d'informations personnelles, y compris de photos, à partir des réseaux sociaux et d'autres sources en ligne. Ces données peuvent ensuite être utilisées pour établir des profils détaillés de personnes, ce qui permet aux cybercriminels d'usurper plus facilement leur identité.

L'IA appliquée à la surveillance et à la reconnaissance faciale

L'IA peut également être utilisée à mauvais escient, notamment dans les technologies de surveillance, où les gouvernements peuvent utiliser l'IA pour restreindre les libertés des citoyens par une surveillance accrue (Kaplan, 2020 : 153).

En Europe, les préoccupations relatives à la protection de la vie privée dans le cadre du stockage de données biométriques ont été mises en évidence par l'affaire de la technologie de reconnaissance faciale (FRT) de Clearview AI. Cette société, mais ce n'est pas la seule, avait créé une vaste base de données de reconnaissance faciale accessible à toute personne disposée à payer, sans aucune restriction quant à l'utilisation des données (Ahmed, 2023 : 66). Le problème central de la collecte de données biométriques réside dans le fait que les données faciales agissent comme une empreinte digitale numérique, identifiant les individus de manière unique. Chaque balayage du visage collecté renforce la précision de l'algorithme, facilitant l'identification d'une personne, ce qui rend la technologie très intrusive (Ahmed, 2023 : 67).

Selon les propres rapports de l'entreprise (Clearview AI, n.d.), la base de données biométriques de l'entreprise contient aujourd'hui plus de 50 milliards d'images. Cette vaste collecte de données a eu d'importantes répercussions juridiques, comme l'amende de 30,5 millions d'euros imposée par l'autorité néerlandaise de protection des données (Dutch DPA) pour de multiples violations du règlement général sur la protection des données (RGPD-GDPR), en particulier le manque de transparence de l'entreprise (Autoriteit Persoonsgegevens, 03.09.2024). L'autorité néerlandaise de protection des données reproche à Clearview AI de ne pas avoir suffisamment informé les personnes concernées de la collecte et de l'utilisation de leurs images et de leurs données biométriques. En outre, les personnes dont les données sont stockées dans la base de données ont le droit de savoir quelles informations la société détient à leur sujet. Malgré cela, l'autorité néerlandaise de protection des données a constaté que la société n'avait pas répondu de manière coopérative aux demandes d'accès aux données, ce qui a renforcé les inquiétudes quant au mépris de l'entreprise du droit à la vie privée (Autoriteit Persoonsgegevens, 03.09.2024). Ce cas illustre la tension croissante entre le développement rapide des technologies biométriques et les droits fondamentaux liés à la vie privée et au consentement éclairé, ainsi que les préoccupations relatives aux méthodes de stockage des données biométriques.

L'AI ACT ou la Loi européenne sur l'Intelligence Artificielle

La loi sur l'Intelligence Artificielle (CE, 2021, b) est le tout premier cadre juridique sur l'IA, qui aborde les risques de l'IA et permet à l'Europe de jouer un rôle plus visible au niveau mondial en la matière.

La loi sur l'IA vise à fournir aux développeurs de l'IA des exigences et des obligations claires concernant des utilisations spécifiques de l'IA. La loi sur l'IA fait partie d'un ensemble plus large de mesures politiques visant à soutenir le développement d'une IA digne de confiance, alors que des abus ont été identifiés par des experts au cours des dernières années (Smuha, 2021). La loi sur l'IA garantit que les Européens peuvent faire confiance à l'IA et à ce qu'elle peut offrir. Les risques liés à l'IA ont en effet été jugés critiques par la plupart des gouvernements, mais l'UE est le premier acteur à légiférer sur la question. Il est intéressant de noter que l'AI ACT de l'UE propose un modèle basé sur une pyramide, identifiant le niveau des risques (Witzel, 2021). Ceci est d'autant plus important que l'UE importe près de 70% de ses modèles d'IA notamment des Etats-Unis (Forum Cybersec 2025)

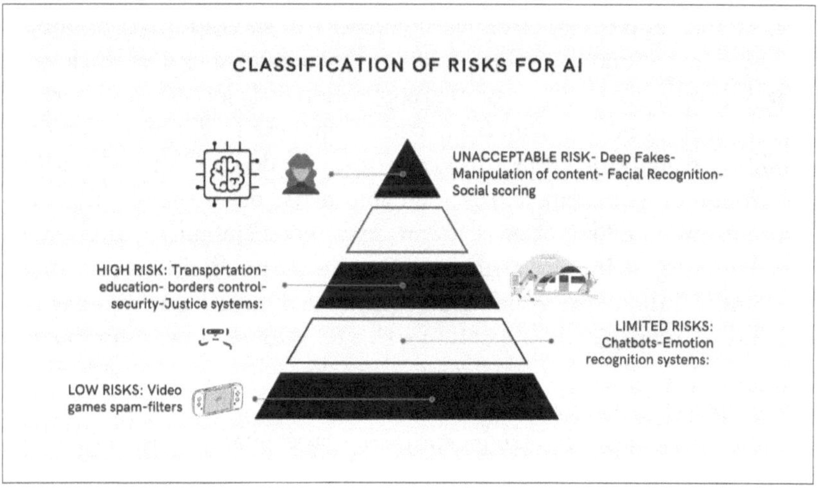

Fig.2: Classification des risques liés à l'IA, Source Auteur-Inspiré par Witzel 2021

Le risque limité fait référence aux risques associés au manque de transparence dans l'utilisation de l'IA. La loi sur l'IA introduit des obligations de transparence spécifiques pour garantir que les humains soient informés lorsque cela est nécessaire, ce qui favorise la confiance. Par exemple, lors de l'utilisation de systèmes d'IA tels que les chatbots, les humains doivent être informés qu'ils interagissent avec une machine afin qu'ils puissent décider en connaissance de cause de continuer une opération ou non. Les fournisseurs devront également veiller à ce que le contenu généré par l'IA soit identifiable. En effet, les textes générés par l'IA et publiés dans le but d'informer le public sur des questions d'intérêt public doivent être étiquetés comme étant générés artificiellement. Il en va de même pour les contenus audio et vidéo constituant des « deep fakes » et des imitations.

Les systèmes identifiés comme étant à haut risque comprennent les technologies d'IA utilisées dans : les infrastructures critiques (par exemple, les transports), qui pourraient mettre en danger la vie et la santé des citoyens ; la formation éducative ou professionnelle, qui pourrait déterminer l'accès à l'éducation et le parcours professionnel d'une personne (par exemple, la notation des examens), les composants de sécurité des produits (par exemple, l'application de l'IA dans la chirurgie assistée par robot) ; l'emploi, la gestion des travailleurs et l'accès à l'auto-emploi. (par exemple, un logiciel de tri de CV pour les procédures de recrutement) ; les services privés et publics essentiels (par exemple, l'évaluation du crédit qui pourrait priver les citoyens de la possibilité d'obtenir un prêt) ; l'application de la loi pouvant interférer avec les droits fondamentaux des personnes (par exemple, l'évaluation de la fiabilité des preuves) ; la gestion des migrations, de l'asile et des contrôles aux frontières (par exemple, l'examen automatisé des demandes de visa) ; l'administration de la justice et les processus démocratiques (par exemple, les solutions d'Intelligence artificielle appliquées à des décisions de justice).

Comme indiqué précédemment, l'affichage d'images générées par l'IA doit être accompagné de la mention « IA » dans toute information publiée en ligne, ce qui devrait normalement empêcher l'utilisation et la diffusion de « deep fakes » non identifiés comme tels.

Plus important encore, certaines utilisations présentant des risques inacceptables seront interdites : par exemple, l'identification biométrique en temps réel par les autorités chargées de l'application de la loi dans les espaces accessibles au public, mais avec quelques exceptions notables et clairement définies.

Le texte a été approuvé par les institutions européennes en mars 2024. Les critiques envers l'AI Act de l'Union européenne soulignent que son cadre réglementaire strict pourrait freiner l'innovation et la compétitivité de l'économie européenne. Bien que l'objectif de l'Acte IA soit de garantir une IA éthique et fiable, sa portée large et ses exigences complexes en matière de conformité risquent d'imposer une charge disproportionnée aux petites et moyennes entreprises (PME) et aux start-ups, qui manquent souvent des ressources nécessaires pour s'y conformer. Certains craignent que ces règles ralentissent l'adoption des technologies d'IA dans divers secteurs, limitant ainsi la capacité de l'Europe à rivaliser avec les géants technologiques des États-Unis et de la Chine, où les approches réglementaires sont souvent plus flexibles. De plus, la classification de certaines applications d'IA comme étant « à haut risque » pourrait décourager les investissements dans des secteurs clés tels que la santé, les transports et les finances, où l'IA a un potentiel transformateur. Les critiques soulignent également que l'absence d'harmonisation mondiale des réglementations sur l'IA pourrait fragmenter les marchés et créer des barrières commerciales, isolant davantage l'économie européenne dans la course au leadership technologique. Bien que l'Acte IA ou IA Acte cherche à équilibrer innovation et garanties éthiques, beaucoup s'inquiètent qu'il freine la croissance et pousse le développement de l'IA en dehors de l'Europe. De plus, l'absence d'interdictions totales (par exemple la reconnaissance faciale n'est interdite que dans les lieux publics et pour créer des bases de données), crée des manquements ou des flous règlementaires qui permettent déjà à certaines entreprises d'utiliser ces procédés pour reconnaître leurs employés.

Il est aussi important de noter que la désinformation ou les intentions malveillantes ne font pas vraiment partie de l'évaluation des risques, qui tente plutôt de créer un cadre sur les usages et les automatismes futurs. Cette loi sur l'IA devrait fournir un cadre sûr pour l'utilisation raisonnable de l'IA. On s'attend toutefois à ce que des failles soient utilisées et à ce qu'elle ne puisse pas empêcher les utilisations malveillantes. Certains des défis liés aux technologies à haut risque sont mis en évidence ci-dessous.

III. Technologies à haut risque

Il existe de nombreuses technologies disponibles qui pourraient être utilisées par les gouvernements nationaux ou par des groupes privés et qui pourraient contrevenir aux libertés fondamentales et aux droits de l'homme. La reconnaissance faciale en est un exemple clé. Cette technologie est actuellement interdite dans les lieux publics par la loi européenne sur l'IA, mais elle reste autorisée par les entreprises sous certaines conditions, et dans de nombreux pays du monde, y compris aux États-Unis, en dépit de certaines réactions juridiques. Elle est actuellement utilisée dans la guerre en Ukraine pour identifier les ennemis (Mysyshyn, 2024). Elle est également utilisée en Chine pour les systèmes de sécurité et de surveillance (Strittmatter, 2021). La question peut se poser à l'avenir de savoir si, dans un monde global et interdépendant, l'utilisation de ces technologies par une autre puissance mondiale ne débordera pas, et si l'Union européenne aura suffisamment de force pour appliquer efficacement la loi sur l'IA et pour interdire l'utilisation des données de reconnaissance faciale pour les citoyens européens. Une autre question est de savoir comment la surveillance massive, y compris la reconnaissance faciale, utilisée par les autocraties a un impact sur une grande partie de la population mondiale.

Technologie de reconnaissance faciale

La FTR (ou technologie de reconnaissance faciale – Facial Technology Recognition) fait référence aux systèmes biométriques qui détectent et enregistrent automatiquement le visage d'une personne, ce qui permet d'identifier ou de reconnaître une personne à partir de ces images numériques (Mysyshyn, 2024). Cette technologie peut être utilisée de plusieurs manières pour identifier des personnes. La première consiste à utiliser des données biométriques, par exemple en mesurant la distance entre différents points du visage, la forme des yeux et la largeur du nez. Une autre méthode consiste à analyser les caractéristiques du visage (Mysyshyn, 2024). La reconnaissance faciale peut être combinée à la vidéosurveillance et va même au-delà, puisqu'elle permet de scanner, d'identifier et de suivre des individus en permanence. En outre, la collecte de données biométriques au moyen de la technologie de reconnaissance faciale suscite de nouvelles inquiétudes quant au respect de la vie privée et à l'utilisation de données personnelles, y compris à partir d'images en ligne, sans le consentement des personnes concernées.

Les données biométriques que la technologie de reconnaissance faciale recueille et stocke peuvent non seulement être utilisées pour identifier une personne sur la base de ses caractéristiques physiques et comportementales, mais elles peuvent aussi être utilisées pour identifier une personne de manière unique dans différentes situations et sur de longues périodes, ainsi que pour déterminer des caractéristiques telles que l'âge, le sexe et l'origine ethnique (Mysyshyn, 2024). Ce qui est encore plus inquiétant, c'est que les individus n'ont aucun contrôle sur la manière dont leurs données biométriques sont utilisées, stockées et partagées, ce qui soulève d'importantes questions éthiques et juridiques, notamment en termes de consentement et de protection des données.

Il existe avant tout des réponses et des réglementations :

La Chine a largement adopté la technologie de reconnaissance faciale, souvent à des fins de sécurité publique. Le pays a mis en place des réglementations pour garantir la sécurité des données, mais celles-ci sont généralement moins strictes en matière de protection de la vie privée que les normes occidentales. La loi sur la protection des informations personnelles (PIPL), promulguée en 2021, comprend des dispositions relatives aux données biométriques, mais autorise le gouvernement à en faire un usage intensif (Wang et al., 2021).

L'UE s'est montrée proactive dans la réglementation de la reconnaissance faciale et des données biométriques. Le règlement général sur la protection des données (RGPD) établit des lignes directrices strictes en matière de protection des données et de la vie privée, y compris des données biométriques. La loi sur l'IA limite également l'utilisation des données biométriques et interdit la reconnaissance faciale dans les lieux publics, sauf dans certaines circonstances. Cependant certaines entreprises l'utilisent déjà pour leurs employés.

Au Royaume-Uni, la cour d'appel a jugé que les données biométriques faciales étaient « intrinsèquement privées » et comparables aux empreintes digitales et à l'ADN, et qu'elles devaient être considérées comme des informations sensibles.

Aux États-Unis, la réglementation est plus fragmentée. Certains États, comme la Californie et l'Illinois, disposent de lois spécifiques régissant l'utilisation des données biométriques. Par exemple, la loi de l'Illinois sur la confidentialité des informations biométriques (BIPA) exige des entreprises qu'elles obtiennent un consentement explicite avant de collecter des données biométriques. Elle prévoit également des recours juridiques en cas de mauvaise manipulation, créant ainsi un précédent que d'autres États commenceront à suivre. Il n'existe cependant pas encore de réglementation fédérale (Wang et al., 2024).

En Australie : La loi sur la protection de la vie privée de 1988 contient des dispositions relatives aux données biométriques, et le gouvernement a établi des lignes directrices pour l'utilisation de la technologie de reconnaissance faciale. Enfin, au Canada, la loi sur la protection des renseignements personnels et les documents électroniques (LPRPDE) régit l'utilisation des données biométriques dans le secteur privé, en exigeant le consentement et la transparence.

Utilisation militaire de la technologie de reconnaissance faciale

Comme le soulignent plusieurs experts, la technologie de reconnaissance faciale est utilisée en Ukraine depuis mars 2022, par l'intermédiaire de la société américaine Clearview AI, pour recueillir des preuves de crimes de guerre, identifier les auteurs russes de crimes de guerre, identifier les mouvements à la frontière et aux points de contrôle (Dave et al., 2022). La collecte de données s'est appuyée sur des images satellites, dont certaines ont été achetées à des entreprises privées, ainsi que sur des vidéos et des photos diffusées sur des plateformes de réseaux sociaux telles que TikTok (Mysyshyn et al., 2024). La société Clearview AI a accordé à l'Ukraine un accès gratuit à son logiciel qui identifie les personnes à partir d'images préalablement extraites de réseaux sociaux en ligne tels que Facebook, Twitter et Vkontakte et de moteurs de recherche tels que Google. Pour identifier une personne, sa photo doit être téléchargée dans la base de données biométriques de l'entreprise et l'algorithme trouvera une correspondance. La base de données contient environ 30 milliards d'images (Mc Darde, 2023). Le site FaceCheck.ID localisé dans un pays tiers est public et comprend aussi une base de données étendue sans possibilité de contrôle sur ses données (Forum Cybersec Mai 2025).

Risques existants dans le domaine civil

L'analyse de ce qui est utilisé en période militaire met en lumière les dangers et l'existence de bases de données massives collectées par le biais d'images et de vidéos sur l'internet. Comme le notent plusieurs experts, « le pouvoir incontrôlé qu'offre généralement la technologie de reconnaissance faciale peut être un outil puissant qui viole les droits des personnes et menace la démocratie » (Mysyshyn et al., 2024, Cataleta, 2024). Bien que certaines entreprises telles que FindClone, PimEyes, NEC ou Search4faces puissent adhérer plus strictement que d'autres aux normes de protection des données, le risque général d'abus et de violation de la vie privée est présent sur toutes les plates-formes. L'utilisation de la technologie de reconnaissance faciale Clearview AI a suscité des débats et des inquiétudes, notamment en ce qui concerne le droit à la vie privée, la précision et l'équité. De nombreux experts reconnaissent qu'il s'agit d'une technologie extrêmement intrusive. L'organisation Privacy International a déclaré que son utilisation représentait « une extension significative du champ de la surveillance, avec un potentiel d'abus très réel ». La fiabilité de cette organisation a été remise en question par des experts et dans le cadre de plusieurs affaires judiciaires (Privacy International, 2022).

Le stockage des données biométriques

Les risques liés au stockage des données biométriques, à l'utilisation de la technologie de reconnaissance faciale ou à d'autres fins, sont énormes. Elles pourraient être utilisées par des lobbies privés pour intimider des militants. Par exemple la société américaine VFluence a stocké des données massives, y compris des données personnelles mais non biométriques de personnes dont les positions, les recherches, les emplois ou les opinions pouvaient être préjudiciables à l'industrie des pesticides. Le listing comprenait des informations sur la situation financière des personnes, leur logement, des informations familiales et des paramètres d'information trouvés en ligne. (Foucart et al., 2024). Rajouter des données biométriques permettrait à des sociétés similaires travaillant pour de grands groupes de connaître la santé de militants, de journalistes ou de chercheurs.

Le stockage de données biométriques et l'utilisation de la technologie de reconnaissance faciale peuvent également dissuader les gens de participer aux processus démocratiques, d'exprimer leur désaccord ou de participer à des manifestations. Ces méthodes sont déjà massivement utilisées par les régimes autocratiques. Mais elles pourraient bien menacer plus tard les fondements d'une société démocratique, notamment la liberté d'expression et le droit de manifester. Le FRT pourrait être utilisé pour espionner les dissidents, les activistes, mais aussi pour manipuler ou intimider la population ou des groupes spécifiques. (Mysyshyn, 2024). Il pourrait en effet être utilisé pour cibler certains groupes spécifiques, ethniques, religieux ou opposants. Elle est également sujette à des erreurs et à des biais.

Ces risques sont aggravés par le fait que ce sont souvent les entreprises fournissant la technologie de reconnaissance faciale, qui contrôlent qui peut accéder à la technologie et l'utiliser, ce qui rend le système clos. (Mysyshyn, 2024).

La surveillance massive au service du pouvoir

De nombreux États continuent de pratiquer la surveillance secrète de masse et l'interception des communications, en collectant, stockant et analysant systématiquement des données provenant de diverses formes de communication, notamment les courriels, les appels téléphoniques et vidéo, les messages textuels et les sites web visités (UN Doc A/HRC/39/29). Bien que certains États justifient cette surveillance aveugle comme étant essentielle à la protection de la sécurité nationale, cette pratique est fondamentalement incompatible avec l'approche internationale des droits de l'homme. L'absence d'analyse individualisée de la nécessité et de la proportionnalité, qui est la pierre angulaire de la surveillance légale en vertu des normes relatives aux droits humains, rend ces mesures inadmissibles (voir A/HRC/33/29, paragraphe 58).

Les États s'appuient souvent sur des entreprises commerciales pour collecter et intercepter des données à caractère personnel, ce qui soulève d'importantes préoccupations en matière de respect de la vie privée et de responsabilité. Par exemple, certains États obligent les fournisseurs de services de télécommunications et d'Internet à leur accorder un accès direct aux flux de données transitant par leurs réseaux. Ces systèmes d'accès direct sont particulièrement inquiétants, car ils sont susceptibles de donner lieu à des abus et contournent souvent des garanties procédurales essentielles. En outre, de nombreux États exigent l'accès aux vastes quantités d'informations collectées et stockées par ces entreprises. Les lois sur la conservation obligatoire des données obligent les fournisseurs de télécommunications et d'Internet à collecter et à stocker sans distinction toutes les données relatives au trafic des abonnés et des utilisateurs, couvrant toutes les formes de communication électronique. Ces lois compromettent la capacité des individus à communiquer de manière anonyme, créent des risques d'abus et augmentent la probabilité de divulgation à des tiers – y compris des criminels ou des concurrents commerciaux – par le biais de piratages ou d'atteintes à la protection des données. Ces mesures dépassent de loin ce qui peut raisonnablement être considéré comme nécessaire et proportionné au regard des normes internationales en matière de droits de l'homme … Il semble paradoxal qu'Elon Musk, le propriétaire de la plateforme X (anciennement Twitter) qui se revendique libertarien, entre aujourd'hui dans le gouvernement américain sous l'administration Trump si ce n'est pour démanteler le pouvoir de l'état fédéral.

Un exemple détaillé de surveillance a été dévoilé par une équipe de journalistes d'investigation qui a identifié l'utilisation abusive du logiciel Pegasus par des gouvernements nationaux pour la surveillance de dissidents, y compris dans d'autres pays. L'enquête Pegasus, également connue sous le nom de projet Pegasus, est une initiative internationale de journalisme d'investigation qui a révélé l'utilisation abusive du logiciel espion Pegasus développé par la société NSO Group. Ce logiciel espion était à l'origine commercialisé pour traquer les crimes graves et le terrorisme, mais l'enquête a révélé qu'il était utilisé par divers gouvernements pour espionner des journalistes, des membres de l'opposition, des activistes, des hommes d'affaires et des civils. L'enquête a débuté en 2020 lorsqu'une liste de plus de 50 000 numéros de téléphone, censés appartenir à des personnes identifiées comme des « personnes d'intérêt » par les clients de NSO Group, a été divulguée à Amnesty International et aux groupes de journalistes d'investigation « Forbidden Stories ». Ces informations ont été partagées avec 17 organisations médiatiques, ce qui a conduit à une enquête collaborative impliquant plus de 80 journalistes. Les conclusions, publiées en juillet 2021, ont mis en évidence la nature étendue et intrusive de la surveillance, qui comprenait l'accès aux données, aux images, aux conversations et même à l'appareil photo et au microphone des smartphones ciblés. Ces révélations ont suscité l'indignation du monde entier et des appels à une réglementation plus stricte de l'utilisation de ces technologies de surveillance (Amnesty International, 2021). La forte dimension transnationale de l'existence de cette technologie de surveillance est inquiétante car des attaques coordonnées contre des dissidents peuvent être organisées dans d'autres pays, ce qui signifie qu'il ne peut y avoir de « paradis sûr » pour les activistes et qu'ils peuvent être traqués n'importe où.

L'utilisation de la technologie en Chine comme étude de cas

L'interpénétration entre États et plateformes est visible en Chine (Strittmatter, 2021) et les autorités chinoises ont fait de l'IA une priorité depuis 2016. La technologie de surveillance à travers le pays implique : Internet standardisé, vidéosurveillance généralisée, reconnaissance faciale à grande échelle, contrôle social numérisé (Haski, 2020).

La surveillance massive est inhérente au concept de « villes intelligentes ». En 2016, la Chine comptait 176 millions de caméras de surveillance, contre 62 millions aux États-Unis (Gomart, 2020 : 175). Ce sont les yeux des villes intelligentes, avec des acteurs comme Megvii et SenseTime.

Depuis 2017, la loi sur le renseignement national stipule que les entreprises chinoises doivent soutenir, assister et coopérer avec les services de renseignement, ce qui crée de facto un lien direct avec le parti au pouvoir et le gouvernement. En Chine, Internet fonctionne de manière autonome, protégé du monde extérieur par un pare-feu ou une grande muraille numérique. L'État contrôle tous les réseaux et toutes les données afin de garantir la stabilité sociale et la sécurité culturelle en contrôlant les contenus jugés dangereux pour l'identité chinoise. Ces protections permettent de censurer immédiatement les contenus et d'anticiper les demandes sociales. Elles permettent également le développement d'un vaste marché économique unifié et captif.

Les géants chinois du numérique sont Alibaba, Tencent et Baidu. En 2011, Tencent a lancé WeChat, qui intègre la messagerie, le paiement et le commerce électronique. Il compte 900 millions d'utilisateurs, dont 90 % sont chinois. (La Chine ne comptait que 22 millions d'internautes en 2000). La puissance financière de Tencent lui permet d'investir dans des groupes étrangers.

Fondé en 2000, Baidu est le premier moteur de recherche chinois et le deuxième au monde après Google. Le groupe investit massivement dans l'IA pour les véhicules autonomes. Trois facteurs ont joué un rôle clé : le passage du pays à la téléphonie mobile, le paiement numérique dans les années 2010 et la collusion entre les pouvoirs publics et les acteurs du numérique pour mettre la population chinoise sous contrôle. Alibaba, Tencent et Baidu ont contribué à la numérisation du contrôle national de la société dans des domaines tels que la surveillance sécuritaire, le data mining et le contrôle de l'opinion publique (Strittmatter, 2021 : 219).

Roberts (2018) met en évidence les stratégies avancées de contrôle de l'information du gouvernement chinois, qui vont au-delà de la simple censure du contenu. Il s'agit notamment d'inonder les espaces numériques de contenus distrayants – tels que des volumes d'informations écrasants ou le détournement de hashtags –, des tactiques que l'IA peut amplifier pour étouffer le discours public et limiter la capacité des citoyens à communiquer librement en ligne (Roberts, 2018).

La Chine est également à la pointe de la surveillance biométrique, et la technologie de reconnaissance faciale (FRT) est utilisée pour surveiller et contrôler certains groupes et minorités (comme les ouigours). Certaines parties de la population font l'objet d'une surveillance intrusive par le biais d'un vaste réseau de surveillance piloté par l'IA qui oblitère la vie privée et les libertés individuelles (Parlement européen, DG des politiques extérieures de l'Union, 2024 : 13-15). Le gouvernement chinois recueille les données biométriques des TFR dans les écoles, dans les transports publics et dans d'autres aspects de la vie quotidienne (European Parliament DG for External Policies of the Union, 2024 : 20). Ce système permet à l'État de surveiller étroitement les citoyens, de contrôler leurs déplacements, leurs relations et même leurs convictions politiques.

Le pays a également mis en place un score officiel de crédit social (SCS), un système qui agrège des données sociales et comportementales par le biais de l'IA pour classer les individus et les entreprises. Les citoyens sont récompensés ou punis en fonction de divers critères, ce qui permet de relier efficacement la surveillance par l'IA au contrôle social (Parlement européen, DG des politiques extérieures de l'Union, 2024 : 19). Cet exemple montre comment l'IA peut être utilisée non seulement pour surveiller, mais aussi pour contrôler et façonner activement le comportement de la société.

Le modèle chinois de contrôle numérique a fait preuve d'une efficacité à divers égards. Par exemple, lors de la pandémie de COVID-19, l'utilisation par la Chine d'outils numériques pour la recherche des contacts, l'application des règles de confinement et les campagnes d'information du public ont été très efficaces pour contrôler la propagation du virus. Toutefois, cette efficacité se fait au détriment des libertés individuelles et soulève des inquiétudes quant au risque d'abus de pouvoir. Kai Strittmatter montre dans son livre paru en 2021 « *Dictature 2.0 Comment la Chine surveille son peuple et demain le monde* », comment le système de surveillance massive devient de plus en plus envahissant pour les libertés individuelles. Il s'inquiète des conséquences de cette surveillance invasive sur la société chinoise et sur les individus, ainsi que de la possibilité non dissimulée de stocker des données, y compris des données biométriques, sur l'ensemble de la population mondiale, en utilisant les informations déjà disponibles en ligne.

Conclusions

Dans les pays de l'OCDE, la diffusion des nouvelles technologies a favorisé le monopole des plateformes numériques, affaibli la concurrence, dégradé les économies et creusé les inégalités. La concentration du pouvoir numérique entre les mains de quelques entreprises a suscité des inquiétudes quant à la domination du marché, à la protection de la vie privée et à l'utilisation éthique des données. Les organismes de réglementation du monde entier se demandent comment relever ces défis et faire en sorte que les avantages des technologies numériques soient partagés plus équitablement.

Le rythme rapide de l'évolution technologique continue de dépasser la capacité des cadres réglementaires à suivre le mouvement. Il en résulte une lutte permanente pour trouver un équilibre entre l'innovation et la protection des droits individuels et sociaux. L'avenir du paysage numérique dépendra de la manière dont les gouvernements, les entreprises et la société civile aborderont ces questions complexes et interdépendantes.

L'intégration des technologies numériques dans tous les aspects de la vie a créé de nouvelles opportunités et de nouveaux défis pour les grandes entreprises, qui peuvent ainsi stocker des données et développer leurs activités. Mais elle permet aussi aux acteurs malveillants de développer des menaces massives, et à certains groupes ou gouvernements de contrôler la société au détriment de la vie privée et des droits de l'individu. Elles remodèlent également les jeux géopolitiques avec des cybermenaces transnationales et des ingérences étrangères, car il n'y a pas de frontières pour la connectivité. Les technologies numériques ont remodelé l'utilisation du pouvoir, modifié le paysage géopolitique et rebattu les cartes au détriment des libertés individuelles et des groupes vulnérables.

À mesure que nous avançons, il est essentiel de favoriser une approche collaborative qui inclut des acteurs de différents secteurs et de différentes régions. Cela permettra de s'assurer que la transformation numérique est guidée par des principes d'inclusion, d'équité et de durabilité. En outre, l'éducation et la sensibilisation du public aux droits et responsabilités numériques seront essentielles pour permettre aux individus de naviguer et de façonner le monde numérique de manière responsable.

En conclusion, l'évolution du cyberespace et des technologies numériques a entraîné des changements significatifs dans la manière dont nous vivons, travaillons et interagissons. Si les avantages potentiels sont immenses, les risques et les défis le sont tout autant. En abordant ces questions de manière réfléchie et proactive, nous pouvons exploiter le potentiel de la technologie et limiter les risques pour les individus et les sociétés. *1984* ou plutôt 2024 Georges Orwell nous aurait prévenus … *Mais imaginez un monde, où vous ne sauriez pas si la voix que vous entendez au téléphone est celle d'un proche ou une imitation (usurpation de voix ou voice spoofing), et si la personne qui parle sur une vidéo prononce réellement ces mots, ou si c'est un montage (Deep fake).*

Références

Ahmed I. « ACLU v. Clearview Ai, Inc », *DePaul Journal of Art, Technology & Intellectual Property Law*, *33*(1), 4, 2023. Disponible à l'adresse : <https://via.library.depaul.edu/jatip/vol33/iss1/4>.

Amnesty International. « Découvrir la vérité : la crise de la surveillance numérique provoquée par les États et le secteur privé », 2021. DOC 10/4491/2021.

Anderson J., Rainie L. « De nombreux experts en technologie affirment que la perturbation numérique nuira à la démocratie », Centre de recherche Per, Février 2020.

Autoriteit Persoonsgegevens. (2024 septembre 3). « La DPA néerlandaise impose une amende à Clearview en raison de la collecte illégale de données pour la reconnaissance faciale ». Extrait [10.10.2024] de <https://www.autoriteitpersoonsgegevens.nl/en/current/dutch-dpa-imposes-a-fine-on-clearview-because-of-illegal-data-collection-for-facial-recognition>.

Baldwin R. *The Globotics, Upheaval, Globalization, Robotics and the Future of Work*, Oxford, Oxford University Press, pp. 2-12, 2019.

Beraja M., Kao A., Yang D.Y., Yuchtman N. *Exporting the surveillance state via trade in AI* (No. w31676), National Bureau of Economic Research, 2013. <https://doi.org/10.3386/w31676>.

Bostrom N. *Superintelligence: Paths, dangers, strategies*. Oxford, Angleterre: Oxford University Press, 2014.

Bozic V. « Les dangers de l'intelligence artificielle », 2023. DOI: <10.13140/RG.2.2.22058.80326>.

Cataleta M.S. « The Fragility of Human Rights Facing AI' Human Artificial Intelligence », Working Paper number 2, 2024. <https://www.academia.edu/43891664/The_Fragility_of_Human_Rights_Facing_AI>.

Cour des comptes européenne : Rapport spécial 03/2022 : « Déploiement de la 5G dans l'UE : retards dans le déploiement des réseaux et problèmes de sécurité non résolus ». <https://www.eca.europa.eu/en/publications/SR22_03>.

Cyberark. « Sécurité de l'identité. Rapport sur le paysage des menaces », 2024.

Dave P., Dastin J. « Exclusive: Ukraine has started using Clearview AI's Facial Recognition during war », *Reuters*, March 13, 2022. <https://www.reuters.com/technology/exclusive-ukraine-has-started-using-clearview-ais-facial-recognition-during-war-2022-03-13/>.

Ekman A. « La smart City chinoise : nouvelle sphère d'influence », Étude Ifri, Ifri Décembre 2019.

Elliott K.C., Dickson M. « Distinguer le risque et l'incertitude dans l'évaluation du risque des technologies émergentes », 2011. URL : <https://philsci-archive.pitt.edu/id/eprint/8771>.

Foucart S., DeBre E., Gibbs M. « Révélations sur le fichage à grande échelle de personnalités gênantes pour l'industrie agrochimique. Rapports du Phare », *Le Monde*, 30. Sept. 2024.

Fu R., Huang Y., Singh P.V. « Ai and algorithmic bias: Source, detection, mitigation and implications (Ai et biais algorithmique : source, détection, atténuation et implications) », *Détection, atténuation et implications (26 juillet 2020)*.

Gaborit P. « A sociological Approach to Disinformation and AI: concerns, responses and challenges », *Journal of Political Science and International* Relations, Vol 7, n° 4, 75-88, 2024. <https://doi.org/10.11648/j.jpsir.20240704.11>.

Gans J.S. « Comment l'apprentissage des préjudices influe sur le taux optimal d'adoption de l'intelligence artificielle », *Economic Policy*, 2024, eiae053. <https://doi.org/10.1093/epolic/eiae053>.

Gehem M., Usanov A., Frinking E., Rademaker M. « Assessing Cyber Security : Une méta-analyse des menaces, des tendances et des réponses », Centre d'études de sécurité de La Haye, 2015

Guembe B., Azeta A., Misra S., Osamor V.C., Fernandez-Sanz L., Pospelova V. « The emerging threat of ai-driven cyber attacks: A review », *Applied Artificial Intelligence*, *36*(1), 2037254.2022. <https://doi.org/10.1080/08839514.2022.2037254>.

Gomart T. *Guerres Invisibles*, Tallandier, Collection Texto Essai, 2020.

Hansson S.O. « From the Casino to the Jungle: Dealing with Uncertainty in Technological Risk Assessment », *Synthese*, 2009, *168*(3), pp. 423-432.

Haski P. « Prologue », in Kai Strittmatter, *Dictature 2.0 : Quand la Chine surveille son peuple et demain le monde,* Tallandier, Collection Texto Essai, 2021.

Heldt A. « Lire entre les lignes et les chiffres : Une analyse des premiers rapports NetzDG », *Revue des politiques de l'Internet*, *8*(2), 1-18, 2019. <https://doi:10.14763/2019.2.1398>.

International Management Institute. « Artificial Intelligence, Threats and Security Issues » (Intelligence artificielle, menaces et problèmes de sécurité), 2021.

Kaplan A. « Artificial intelligence, social media, and fake news: Is this the end of democracy? », in Akkor Gul A., Ertürk Y.D, Elmer P. (Eds.),

Digital Transformation in Media & Society, Istanbul University Press, pp. 149-161, 2020.

Khlaaf H. « Vers des évaluations complètes des risques et l'assurance des systèmes basés sur l'intelligence artificielle », *Trail of Bits*, 7, 2023.

Kim Seung Hyun, Qiu-Hong W., Ullrich J.B. « Étude comparative des cyberattaques », *Communications-ACM*. *55*(3), 66-73. Mars, Vol 55 No. 3, Pages 66-73, 2012. <http://dx.doi.org/10.1145/2093548.2093568>.

Kissinger H., Schmidt E., Huttenlocher D. *L'âge de l'IA*, John Murray, 2024.

Kusche I. « Possible harms of artificial intelligence and the EU AI act: fundamental rights and risk », *Journal of Risk Research*, 1-14, 2024.

Fondation Llyod Register. « Sondage sur les risques liés aux mots 2021 : Un sondage numérique », Gallup, 2021.

Martinsen J. « Les incertitudes des technologies émergentes : IA, reconnaissance faciale, notation sociale et surveillance de masse », AI4DEBUNK, 2024.

McDade A. « Clearview AI a récupéré 30 milliards d'images de Facebook et les a données aux policiers », *Business Insider*, 2023.

Mysyshyn A. « Advanced Technologies in the War in Ukraine: Risks for Democracy and Human Rights », German Marshall Fund. Rapport du FMV. Oct. 2024.

Ng. A « Why Artificial Intelligence is the 'New Electricity' », *The Wall Street Journal*, 9 juin 2017.

Obama B. *Wired*. 2016. <https://www.wired.com/2016/10/president-obama-guest-edits-wired-essay/>.

Panch T., Mattie H., Atun R. « Intelligence artificielle et biais algorithmique : implications pour les systèmes de santé », *Journal of global health*, 9(2), 2019. 010318. <https://doi.org/10.7189/jogh.09.020318>.

Parlement européen : Direction générale des politiques extérieures de l'Union. « Les technologies numériques comme moyen de répression et de contrôle social ». Parlement européen, 2021. <https://data.europa.eu/doi/10.2861/953192>.

Parlement européen : Direction générale des politiques extérieures de l'Union & Ünver, A. « Artificial intelligence (AI) and human rights: using AI as a weapon of repression and its impact on human rights:

in-depth analysis », Office des publications de l'Union européenne, 2024. <https://data.europa.eu/doi/10.2861/52162>.

Parlement européen : Direction générale des politiques extérieures de l'Union. « Les technologies numériques comme moyen de répression et de contrôle social », Parlement européen, 2021. <https://data.europa.eu/doi/10.2861/953192>.

Privacy International. « Le partenariat Clearview Ukraine : Comment les entreprises de surveillance exploitent la guerre », 18 mars 2022.

Rapport du Haut-Commissaire des Nations unies aux droits de l'homme sur le droit à la vie privée à l'ère numérique, UN Doc A/HRC/39/29 (3 août 2018).

Roberts, M. (2018). *Censored: distraction and diversion inside China's Great Firewall (Censuré : distraction et détournement à l'intérieur de la grande muraille de feu de la Chine)*. Princeton University Press.

Smuha N.A. « Beyond the individual: governing AI's societal harm », *Internet Policy Review* 10.3, 2021. DOI : <10.14763/2021.3.1574>.

Schwalbe N., Wahl B. « Artificial intelligence and the future of global health », *The Lancet*, *395*(10236), 1579-1586, 2020. <https://doi.org/10.1016/S0140-6736(20)30226-9>.

Solove D. « Les limites du droit à la vie privée », *Teach Privacy*, 2022. <https://teachprivacy.com/the-limitations-of-privacy-rights/>.

Steimers A., Schneider M. « Sources of risk of AI systems », *International Journal of Environmental Research and Public Health*, *19*(6), 3641, 2022. <https://doi.org/10.3390/ijerph19063641>.

Strittmatter S. *Dictature 2.0 : Quand la Chine surveille son peuple et demain le monde*, Tallandier, Collection Texto Essai, 2021.

Tonon C. *La GovTech, nouvelle frontière de la souveraineté numérique*, Etude Ifri, Ifri novembre 2020.

Tredinnick L., Laybats C. « Les dangers de l'intelligence artificielle générative », *BIR Business Information Review*, Vol *40*(2), 46-48, 2023.

Wach K., Doanh Duong C., Ejdys J., Kazlauskaitė R., Korzynski P., Mazurek G., Paliszkiewicz J., Ziemba E. « The dark side of generative artificial intelligence: A critical analysis of controversies and risks of ChatGPT », *Entrepreneurial Business and Economic Review*, 2023. DOI: <10.15678/EBER.2023.110201>.

Wang X., Wu Y.C, Zhou M., Fu H. « Beyond surveillance: privacy, ethics, and regulations in face recognition technology. Front », *Big Data*, 7:1337465, 2024. DOI: <10.3389/fdata.2024.1337465>.

Waxman M.C. « Les cyber-attaques et le recours à la force : Back to the future of article 2 (4) », *Yale J. Int'l L.*, *36*, 421, 2011. Disponible à l'adresse : <https://scholarship.law.columbia.edu/faculty_scholarship/847>.

Witzel L. « 5 Things You Must Know Now About the Coming EU AI Regulation », pp. 128-146, 2021. <https://medium.com/@loriaustex/5-things-you-must-know-now-about-the-coming-eu-ai-regulation-d2f8b4b2a4a9>.

Zuboff S. *L'âge du capitalisme de surveillance*, Paris, Zulma, 2020.

La désinformation, nouvelle menace pour la géopolitique mondiale[22]

Imaginez un monde où il n'y a pas de faits, pas de vérité, pas de science… Un monde de mensonges et de manipulations.

Philipp Semmelweis, médecin hongrois du XIXe siècle, est souvent considéré comme un pionnier des pratiques antiseptiques après avoir démontré que le lavage des mains avec une solution chlorée réduisait drastiquement la mortalité maternelle dans les hôpitaux. Malgré le succès empirique de ses découvertes, ses idées furent largement rejetées par la communauté médicale de l'époque, car elles contredisaient les normes établies et remettaient en question l'autorité médicale dominante. Cet épisode historique illustre les dangers de la désinformation et de la résistance au savoir fondé sur des preuves. Dans le cas de Semmelweis, la diffusion de fausses informations, combinée à l'arrogance professionnelle et à l'inertie institutionnelle, a retardé l'adoption de pratiques qui auraient pu sauver de nombreuses vies. Ce parallèle avec les défis contemporains, où la désinformation – souvent amplifiée par les plateformes numériques – sape les mesures de santé publique, les preuves scientifiques et la confiance envers les experts, est frappant. L'histoire de Semmelweis rappelle l'importance cruciale de ne pas rejeter les connaissances vérifiées, que ce soit par ignorance, orgueil ou intérêts personnels, car les conséquences pour la société peuvent être profondes.

I. Introduction

Depuis plus d'une décennie, les organisations internationales considèrent la désinformation comme l'une des principales menaces pesant sur nos modes de

[22] Ce chapitre fait le point sur les résultats du projet AI4DEBUNK <www.AI4DEBUNK.com>. Les points de discussion et d'autres informations générales sont également disponibles dans mon récent article «A sociological Approach to Disinformation and AI: concerns, responses and challenges», *in Journal of Political Science and International Relations*, 2024, Vol 7, n° 4, 75-88 <https://doi.org/10.11648/j.jpsir.20240704.1>.

vie et sur la démocratie. Les technologies numériques ne cessent de réinventer et de remodeler en profondeur les modes de vie et les espaces commerciaux modernes. Comme nous l'avons vu dans le chapitre précédent, l'Intelligence Artificielle bouleverse la façon dont nous accédons aux connaissances, créons, diffusons et comprenons l'information en brouillant les frontières entre contenu réel et contenu manipulé. La vitesse à laquelle l'information circule est également en plein essor, facilitée par des connexions et des technologies avancées. 7,21 milliards de téléphones mobiles sont en circulation dans le monde. 67 % de la population mondiale, a accès à internet. Ce chiffre était de seulement 1 % en 1995.

Chaque étape suivante de la technologie génère des transformations dont on peut citer : les plateformes de collaboration en ligne, les réseaux sociaux, les téléphones mobiles 4G, les appareils intelligents et l'informatique en cloud. Il s'agit par ailleurs: des appareils connectés, des interactions humain-appareil, des nouvelles formes d'information et d'images, et de la création de communautés en ligne.

Ces changements sont susceptibles d'avoir un impact sur la géopolitique et l'équilibre des pouvoirs, car même les représentants politiques et les acteurs stratégiques peuvent être influencés. Une autre transformation importante est que les réseaux sociaux représentent une source importante d'informations pour la plupart de leurs utilisateurs (King et al., 2023). La connectivité est illimitée : les plateformes de collaboration, y compris les réseaux sociaux, ont permis d'établir un lien direct entre les personnes où qu'elles soient.

De l'autre côté de la réalité, l'évolution rapide des technologies, y compris l'IA, « accroît les possibilités de créer des faux contenus réalistes générés par l'IA, mais [...] facilite aussi la diffusion de désinformation, auprès d'un public (micro) ciblé et à grande échelle par des acteurs malveillants » (Bontridder et Poullet, 2021). Des inquiétudes ont été soulevées concernant les droits d'auteur, les algorithmes biaisés, les modèles commerciaux utilisant des données massives pour tromper les individus, et le remplacement d'emplois par la technologie dans de nombreux secteurs de l'IA. Les technologies de l'IA facilitent également la création de vidéos, de textes et d'images basés sur de fausses informations, ce qui rend difficile la confiance des individus dans l'information (Newman, 2024). La désinformation peut prendre différentes formes, notamment les fake news et l'usurpation d'identité. Elle est ensuite relayée par des bots et des amplificateurs par le biais d'un recoupement dynamique automatique des réseaux (Bergmanis-Koräts et al., 2024 : 3). L'objectif de ce chapitre est de fournir une première approche analytique du sujet en se basant sur les débats actuels des chercheurs et des médias – littérature et articles de presse – et sur une première analyse des fake news.

Ce chapitre abordera la question de la désinformation en examinant l'impact qu'elle est susceptible d'avoir sur le paysage géopolitique actuel. Il passera en revue les processus actuels, les mécanismes et les impacts de la désinformation (II), illustrera des cas d'études sur l'interférence étrangère (III), abordera la manipulation des réseaux sociaux (IV), le comportement inauthentique coordonné et l'interférence dans les élections (V), pour enfin s'intéresser aux questions en suspens et aux défis en cours (VI). Dans ce chapitre, nous soutenons l'hypothèse que les pays européens sont de plus en plus conscients de l'impact de la désinformation, mais qu'il existe également un décalage entre l'identification des « fake news » et de la désinformation et les réponses apportées, ainsi qu'un manque de compréhension des processus, des mécanismes et des acteurs de la désinformation.

II. Processus et impacts de la désinformation

Les questions et les doutes relatifs à la confiance et à la crédibilité dans les activités en ligne persistent depuis plus d'une décennie (Grabner-Kräuter, 2006). L'étude de la désinformation a pris de l'ampleur en 2016 à la suite du scandale de l'ingérence de Cambridge Analytica dans les élections américaines. Ce sujet a suscité une attention accrue, en particulier dans ce qui est parfois appelé l'« ère de la post-vérité » – une expression devenue populaire après l'élection présidentielle américaine de 2016, lorsque les « fake news » sont apparues dans le langage courant (Grinberg et al., 2019 : 374). Par « fake news », nous entendons ici un terme général utilisé par les médias pour englober à la fois la désinformation (intentionnelle) et la mésinformation (non intentionnelle). L'identification des processus, des menaces et des impacts est cruciale pour comprendre cette recherche.

La désinformation est définie comme la diffusion délibérée d'informations fausses, incorrectes ou trompeuses dans le but de nuire. Il s'agit d'informations fausses, inexactes ou trompeuses partagées avec l'intention de tromper le destinataire (Bontridder et al., 2021, Persily et al., 2021, Shahbazi, 2024). La mésinformation, quant à elle, peut être définie comme la diffusion involontaire d'informations fausses, incorrectes ou trompeuses. En termes plus simples, la distinction la plus importante entre l'information, la désinformation et la mésinformation réside dans la question de l'intention. Alors que l'information est vraie, la désinformation et la mésinformation sont fausses, la désinformation étant intentionnellement trompeuse (Stahl, 2006).

La désinformation n'est pas un phénomène nouveau ; elle a des racines historiques profondes qui remontent à l'Antiquité, lorsque les dirigeants et les chefs répandaient intentionnellement des rumeurs ou des informations trompeuses pour affaiblir leurs adversaires ou pour contrôler l'opinion publique (Fine, 2007 : 6, Schreirer, 2023). Bien que les technologies modernes aient considérablement augmenté la vitesse et l'ampleur de la diffusion de la désinformation, les tactiques restent remarquablement similaires : elles consistent à manipuler les émotions et à semer la confusion pour atteindre un objectif précis manipuler l'opinion publique, discréditer des adversaires ou des idées, semer de la discorde ou paralyser certains systèmes notamment démocratiques.

Il est essentiel d'identifier les processus, les menaces, les acteurs, les récits et les impacts de la désinformation.

La Commission européenne définit la désinformation comme « des informations, fausses ou trompeuses, qui sont créées, présentées et diffusées dans un but économique ou pour tromper intentionnellement le public, et qui peuvent causer un préjudice public ». Le préjudice public comprend les menaces pesant sur les processus démocratiques ainsi que sur les biens publics tels que la protection de la santé, de l'environnement ou de la sécurité des citoyens de l'UE. La désinformation n'inclut pas les erreurs, la satire et la parodie, ni les informations et commentaires partisans clairement identifiés. Commission européenne (2018d : 3-4). En diffusant de la désinformation en ligne, des acteurs malveillants peuvent par exemple chercher à discréditer des scientifiques ou des dirigeants, à polariser l'information ou à déstabiliser les institutions démocratiques. Les indicateurs de la désinformation sont les suivants : préjudice intentionnel ; contenu faux ou trompeur ; présence de préjugés ou de techniques de manipulation ; ciblage du public, y compris le microciblage et le profilage psychométrique. La désinformation peut prendre différentes formes et ne se limite pas aux sociaux, bien que la manipulation des sociaux en soit un aspect important. Outre la manipulation, elle englobe également les opérations sous faux drapeau, et les opérations d'influence.

La manipulation des sociaux, en particulier, vise à créer et à amplifier des récits faux ou trompeurs dans les messages diffusés sur les plateformes en ligne. Entre autres exemples, des trolls ou même des fermes à trolls utilisant des bots ont été utilisés pour la diffusion de contenus semant la discorde sur les principales plateformes de réseaux sociaux comme Facebook et X (anciennement Twitter) et Telegram, dans le but de créer de l'instabilité et d'influencer l'opinion publique (Hayduchyk et al., 2024, Sessa et al., 2024, Bergmanis Koräts, 2024). Bien que ce contenu de manipulation ne soit pas toujours retracé jusqu'à son origine, les experts ont identifié plusieurs « campagnes » de manipulation sur les réseaux sociaux, dont certaines peuvent être retracées en dehors de l'UE. Des études sur le rôle du Kremlin, dans la création de campagnes de désinformation sur la guerre en Ukraine, ont permis de découvrir que plusieurs canaux Telegram en Russie amplifiaient et diffusaient des messages trompeurs (Dauksas et al., 2024). Les campagnes de désinformation visent plus généralement à susciter la colère et des réactions sur des sujets qui divisent, tels que l'immigration, ou les conflits au Moyen-Orient.

Bien que la plupart des plateformes aient mis en place une modération, cela n'a pas empêché la diffusion de fausses informations, de manière plus importante sur TikTok, X et Telegram en raison de leurs politiques visant à limiter la modération au minimum. Cependant, Meta, Instagram et même les médias traditionnels n'ont pas été épargnés par les campagnes d'intox.

Il est intéressant de noter que la plupart de la modération est désormais automatisée et que, selon Meta (Facebook, Whatsapp), plus de 90 % de la modération est effectuée par des outils d'IA, le reste étant effectué par une modération faite par des humains (Kertysova, 2018). La modération n'a cependant pas empêché les campagnes de désinformation massives, y compris l'usurpation d'identité dans les médias, l'usurpation d'identité de célébrités (Bergmanis-Koräts et al., 2024) et les deep fakes, notamment lors de la campagne de désinformation Doppelganger qui a débuté en 2023 (Sessa et al., 2024). En outre, depuis la seconde élection de Donald Trump, la plupart des plateformes ont abandonné la vérification des faits et l'ont remplacée par des « notes communautaires », ce qui suscite des inquiétudes quant à l'impact futur de la désinformation dans le monde.

Des acteurs malveillants se sont engagés dans des opérations sous faux drapeau ou sous fausse bannière, où ils se font passer pour des individus ou des groupes de différents pays afin de diffuser de la désinformation et de dissimuler leur véritable identité. Cette tactique vise à exploiter les tensions existantes et à manipuler la perception des événements géopolitiques. Ces opérations sous fausse bannière devraient être renforcées par l'utilisation de l'IA. Les acteurs de la désinformation utilisent déjà massivement les grands modèles de langage et le référencement dynamique automatisé des réseaux (Bergmanis-Koräts et al., 2024, Haiduchyk et al., 2024). Il est inquiétant de constater que de nouvelles avancées en matière d'apprentissage automatique permettront de plus en plus aux acteurs hostiles d'identifier les caractéristiques, les croyances, les besoins et les vulnérabilités propres à chaque individu. Cela leur permettra de fournir un contenu hautement personnalisé et de cibler les personnes les plus influençables avec une efficacité maximale (Kertysova, 2018). Ces techniques pourraient également créer des micro-approches, pour cibler les politiques ou les électeurs. Différents récits ont affaibli ou tenté d'affaiblir les institutions et les démocraties. La désinformation a pris la forme de « fake news », mais aussi de faux journaux, de fausses couvertures médiatiques, du clonage de voix, de la manipulation d'images par le biais de l'utilisation d'une l'intelligence artificielle. Un exemple est la falsification du journal satirique français « Charlie Hebdo » en février 2024 pour se moquer du commandement de l'armée ukrainienne. Cela s'est produit en même temps que la falsification des couvertures de plusieurs journaux[23]. Cette tendance a permis l'émergence de détecteurs de fausses nouvelles qui ont été mis en place au sein des médias plutôt comme une approche « réactive » car ils ne peuvent pas « empêcher » la désinformation d'être diffusée. Une autre tendance est l'acceptation croissante de l'utilisation des « fake news » et de la désinformation comme « arme politique » dans les démocraties, comme nous le constatons malheureusement dans les campagnes électorales européennes et américaines de 2024.

Plusieurs pays ont eu recours à des opérations d'influence pour façonner les perceptions et les politiques dans les pays cibles en combinant désinformation, propagande et activités secrètes (Cull, 2009, FA, 2017, Charillon, 2018…). Ces opérations visent souvent des populations vulnérables et exploitent les divisions sociales pour promouvoir des intérêts étrangers. Des entités étrangères ont été soupçonnées d'interférer dans les élections d'autres pays par le biais de campagnes de désinformation visant à saboter

---

[23] Podcast, Colin Gérard, RFI, mars 2024.

la confiance dans les processus démocratiques, à répandre des théories du complot et à soutenir des candidats ou des causes politiques attisant la haine. Mais l'émergence des systèmes d'IA a créé davantage de menaces, comme le montre l'influence sur les réseaux sociaux utilisée par la société Cambridge Analytica[24] lors des élections américaines de 2016 (Wade, 2018). En effet, il est aujourd'hui techniquement possible de faire la différence entre les techniques de profilage démographique et psychométrique pour influencer les élections politiques (Kertysova, 2018). Le profilage démographique est informationnel, segmentant les électeurs en fonction de facteurs tels que l'âge, l'éducation, l'emploi et le pays de résidence. En revanche, le profilage psychométrique est comportemental et permet de segmenter les électeurs en fonction de traits de personnalité (Wade, 2018). Une autre tendance connexe est la génération automatique de contenu.

Il est essentiel d'évaluer de manière critique les sources d'information et de se méfier des récits faux ou trompeurs. En outre, les efforts de recherche et d'analyse déployés par les gouvernements, les groupes de réflexion et les organisations de la société civile semblent importants, mais pas suffisants pour identifier et contrer efficacement les campagnes de désinformation.

Plusieurs États et acteurs non étatiques, voire des groupes ou des individus, peuvent être des acteurs de la menace en matière de désinformation. Un type important d'acteur non étatique est ce que l'on appelle la menace persistante avancée (APT), un terme utilisé pour décrire des cybercampagnes malveillantes, organisées et très sophistiquées. Les groupes représentant une menace avancée sont souvent financés par les gouvernements des États, ce qui leur fournit les ressources nécessaires pour mener des cyberattaques et d'autres menaces hybrides comme la désinformation (Małecka, 2024 : 55). Ces groupes ont joué un rôle notable lors de l'invasion militaire russe en Ukraine, agissant comme des entités distinctes de l'État malgré le financement de l'état russe. La désinformation russe sur l'OTAN et la guerre en Ukraine atteint une portée mondiale grâce à ces acteurs non étatiques. Des sociétés russes « d'influence », telles que la Social Design Agency (SDA), et Structura, ont

[24] Cambridge Analytica – une société de publicité recrutée pour la campagne de Donald Trump, a amassé de grandes quantités de données, établi des profils de personnalité pour plus de 100 millions d'électeurs américains inscrits, puis, selon les allégations, utilisé ces profils pour de la publicité ciblée.

reçu des fonds substantiels de la Russie pour diffuser de fausses informations. L'Union européenne a réagi en imposant des sanctions à SDA et Structura, reconnaissant que ces campagnes constituaient une menace pour l'UE et ses États membres (Antoniuk, 2023).

Les démocraties occidentales sont de plus en plus contestées par des récits qui exploitent des peurs et des préjugés profondément ancrés, fracturant les sociétés selon des lignes politiques, ethniques, de genre et religieuses (Moravcsik,1997, Butcher & Neidhard, 2020 : 5, Bollman, 2022) ainsi que pour amplifier les approches visant à stigmatiser un bouc émissaire pour créer de la peur et de la colère. L'approche qui met en exergue un bouc émissaire est en effet reconnue comme l'une des stratégies de manipulation pour polariser le débat politique (Deutsch, 1958, Girard, 1986, Hersh, 2013, Goodhart, 2017, Betz et al., 2021, Bauer et al., 2023). De la montée de l'euroscepticisme, qui a culminé avec le Brexit, à la rhétorique clivante autour de l'immigration, du genre et de la religion, ces récits se sont souvent révélés efficaces pour manipuler l'opinion publique et créer des clivages au sein des sociétés. Il est essentiel d'identifier ces récits polarisants car ils érodent la cohésion sociale, alimentent l'extrémisme et menacent la stabilité démocratique. Ils peuvent être utilisés pour raboter la confiance dans les institutions et les systèmes démocratiques, car il est entendu, depuis notre introduction, que la confiance est un pilier important de la stabilité des sociétés (Deutch, 1958, Luhmann, 1979, Putnam, 1993, Seligman, 1997, Sztrompa, 1999, Hardin, 2002 & 2004, Tilly, 2005, Gaborit, 2009, Hamm et al., 2024). En reconnaissant et en comprenant ces récits, la société peut mieux contrer leurs effets néfastes, empêcher la propagation de la désinformation et promouvoir une société plus inclusive et unifiée.

Lorsque l'on aborde le sujet de la désinformation, les discussions se concentrent souvent sur les stratégies de prévention, son impact et les méthodes de détection. Cependant, il est tout aussi important de comprendre les acteurs et les stratégies de la menace responsables de la diffusion de cette dernière. Étant donné que la désinformation implique la diffusion délibérée de fausses informations, l'objectif de ces actions est d'élaborer et de promouvoir un récit trompeur. En examinant les acteurs à l'origine de la désinformation, nous pouvons mieux comprendre ses mécanismes et savoir comment nous en protéger.

L'Union européenne (UE) classe les acteurs de la menace selon qu'il s'agisse d'acteurs étatiques, d'acteurs non étatiques ou de mandataires, et elle les classe en fonction de leur attribution technique ou politique. Lorsque des entités étrangères se livrent à la diffusion de fausses informations, on parle de « manipulation de l'information et interférence étrangère » (FIMI). La FIMI est caractérisée comme un « modèle de comportement principalement non illégal qui menace ou a le potentiel d'avoir un impact négatif sur les valeurs, les procédures et les processus politiques ». Il s'agit d'une activité manipulatrice, intentionnelle et coordonnée, impliquant des acteurs étatiques et non étatiques, y compris leurs mandataires opérant à l'intérieur et à l'extérieur de leurs territoires (ENISA (i), 2023 : 6). Dans un rapport évaluant le paysage des cybermenaces, l'Agence européenne pour la cybersécurité (ENISA) a identifié plusieurs motivations principales qui animent ces acteurs. Ces motivations comprennent des objectifs géopolitiques, des intentions de causer des perturbations, un raisonnement éthique et un gain économique ou financier (ENISA (ii), 2023 : 12). Après avoir établi que ces acteurs opèrent avec des motivations diverses, nous allons maintenant approfondir les cas spécifiques et les types d'acteurs de la menace avec des exemples.

Comme indiqué dans ce paragraphe, la désinformation peut prendre différentes formes, processus et trames, et peut être relayée par différents acteurs, notamment des États, des groupes ou des individus, tandis que les progrès rapides de la technologie amplifient les possibilités de manipulation et d'interférence ciblées de l'information étrangère. Les conséquences peuvent être multiples et les citoyens européens sont légitimement inquiets. Des exemples d'interférences peuvent également être identifiés.

III. Exemples d'interférences

Les campagnes de désinformation sont de plus en plus utilisées pour manipuler l'opinion publique, exploiter les vulnérabilités et mettre à mal la confiance. Cette section présente les principaux récits de désinformation, notamment ceux liés aux vaccins COVID-19, aux réfugiés ukrainiens, aux troupes de l'OTAN et aux sanctions de l'UE. Ces campagnes font appel à des méthodes telles que la fabrication d'histoires, l'usurpation d'identité et l'exploitation d'événements réels.

Les récits pro-Kremlin sur les vaccins COVID-19 ont fait la promotion d'alternatives russes tout en propageant des théories du complot, ciblant plusieurs pays de l'UE. De même, des histoires sur les réfugiés ukrainiens visaient à susciter un sentiment anti-réfugiés et à enrayer le soutien des pays européens à l'Ukraine. La désinformation ciblant les troupes de l'OTAN avait pour but de remettre en cause leur présence en Europe de l'Est, tandis que de fausses affirmations sur les sanctions de l'UE les rendaient responsables des pénuries alimentaires mondiales, détournant ainsi la responsabilité de la Russie.

Ces campagnes ont des objectifs communs : mettre à mal la confiance du public, approfondir les divisions au sein de la société et déstabiliser les pays ciblés. Des contre-mesures efficaces, telles que l'éducation aux médias, la vérification des faits et la communication stratégique, sont essentielles pour atténuer leur impact.

Récits sur les vaccins COVID (2020-2021)

Les médias favorables au Kremlin ont diffusé plusieurs récits faux et trompeurs sur les vaccins COVID-19 dans plusieurs pays de l'UE en 2020-2021[25]. Ils ont affirmé que les vaccins occidentaux étaient dangereux ou inefficaces, tout en promouvant les vaccins russes comme Sputnik V[26][27]. Ils ont également allégué que le processus d'approvisionnement en vaccins de l'UE était corrompu ou mal géré.

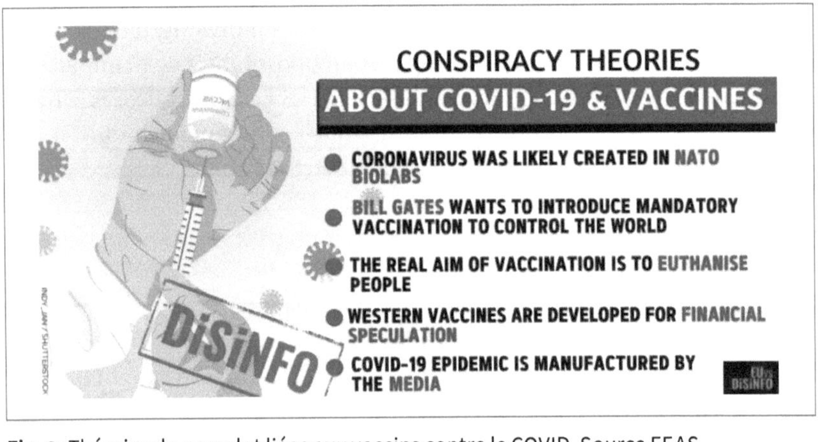

Fig. 3: Théories du complot liées aux vaccins contre le COVID. Source EEAS

25 <https://www.reuters.com/world/china/russia-china-sow-disinformation-undermine-trust-western-vaccines-eu-report-says-2021-04-28/>.

26 <https://www.cfr.org/blog/russian-disinformation-popularizes-sputnik-v-vaccine-africa>.

27 <https://sputnikvaccine.com/newsroom/pressreleases/sputnik-v-team-statement-on-fake-news-in-uk-media/>.

En outre, des théories conspirationnistes affirment que les vaccins COVID-19 ont été créés comme des armes biologiques dans des laboratoires secrets des États-Unis et de l'OTAN[28]. Les récits communs à tous les pays comprenaient des histoires de calamités dues aux vaccins, des effets indésirables graves et des théories du complot liant les vaccins à un contrôle totalitaire, à la technologie 5G ou aux profits des sociétés pharmaceutiques[29]. Les récits qui ont été élaborés ont exploité l'hésitation des citoyens à l'égard des vaccins et ont ainsi amplifié les sentiments anti-vaccination. Ces campagnes de désinformation ont ciblé plusieurs pays de l'UE, dont l'Allemagne, la France, la Pologne et l'Italie : l'Allemagne, la France, la Pologne et l'Italie, où des millions d'utilisateurs de réseaux sociaux ont été exposés à une propagande anti-UE et anti-vaccin. En Serbie, les médias d'État russes ont promu une couverture positive de Sputnik V tout en critiquant les vaccins occidentaux[30]. Dans les pays baltes, les médias russes ont prétendu à tort que les troupes de l'OTAN propageaient le COVID-19.

Le rapport « *Countering online vaccine misinformation in the EU/EEA* » du Centre européen de prévention et de contrôle des maladies (ECDC) (2021) met en lumière les résultats de l'analyse des réseaux sociaux et des consultations des parties prenantes dans six pays d'étude de cas, en se concentrant sur la désinformation vaccinale. La proportion de fausses informations dans ces pays allait de 3 % (Espagne) à 12 % (Pays-Bas et Roumanie), le COVID-19 étant la maladie la plus fréquemment discutée, représentant 68 % de tous les messages. Bien que les taux de désinformation soient similaires d'une maladie à l'autre, le volume élevé de contenu lié au COVID-19 a entraîné une plus grande diffusion globale de fausses informations.

En France, en Allemagne et aux Pays-Bas, quelques sources clés ont diffusé de façon répétée des informations erronées, certaines atteignant un large public par le biais de plateformes telles que YouTube, TikTok et Twitter[31].

---

28 <https://www.ncbi.nlm.nih.gov/pmc/articles/PMC8115834/>.

29 <https://www.comminit.com/polio/content/countering-online-vaccine-misinformation-eueea>.

30 <https://misinforeview.hks.harvard.edu/article/clarity-for-friends-confusion-for-foes-russian-vaccine-propaganda-in-ukraine-and-serbia/>.

31 <https://www.ecdc.europa.eu/sites/default/files/documents/Countering-online-vaccine-misinformation-in-the-EU-EEA.pdf>.

Les campagnes ont utilisé diverses tactiques telles que des réseaux coordonnés de faux comptes de réseaux sociaux et de faux sites web, des médias soutenus par l'État comme Sputnik, l'usurpation de l'identité de sources d'information légitimes, l'exploitation d'événements et de préoccupations réels pour diffuser des informations trompeuses[32].

Les institutions et les États membres de l'UE se sont efforcés de contrer ces récits par la vérification des faits, des efforts d'éducation aux médias et des communications stratégiques coordonnées[33] Cependant, les campagnes de désinformation sont restées un défi important tout au long de la période pandémique[34].

Histoires sur les réfugiés ukrainiens.

Depuis le début de l'invasion russe en 2022, de fausses histoires de crimes commis par des réfugiés ukrainiens circulent largement dans de nombreux pays de l'UE. Ces campagnes visent à susciter un sentiment anti-réfugiés et à enrayer le soutien à l'Ukraine[35].

Parmi les fausses allégations typiques, on trouve des allégations selon lesquelles les Ukrainiens commettraient des crimes violents, des vols et auraient des comportements ingrats. Ces histoires décrivent souvent les réfugiés comme dangereux ou comme un fardeau pour les pays d'accueil[36].

Beaucoup de ces histoires se répandent rapidement sur les plateformes de réseaux sociaux comme Facebook, Twitter, TikTok et Telegram. Elles utilisent des images ou des vidéos hors contexte pour rendre les fausses affirmations plus crédibles. Bien que ces faux récits soient apparus dans toute l'UE, ils ont été particulièrement répandus dans les pays accueillant un grand nombre

---

32 <https://www.nato.int/cps/en/natohq/177273.htm> ; <https://misinforeview.hks.harvard.edu/article/clarity-for-friends-confusion-for-foes-russian-vaccine-propaganda-in-ukraine-and-serbia/>.

33 <https://www.pubaffairsbruxelles.eu/eu-institution-news/vaccine-disinformation-platforms-monitoring-program-extended-until-the-end-of-the-year/>.

34 <https://www.nato.int/cps/en/natohq/177273.htm> ; <https://www.politico.eu/article/eu-warns-of-disinformation-campaign-linked-to-russias-sputnik-vaccine/>.

35 <https://www.rferl.org/a/ukraine-eu-refugees-fatigue/32730367.html>.

36 <https://www.isdglobal.org/digital_dispatches/a-false-picture-for-many-audiences-how-russian-language-pro-kremlin-telegram-channels-spread-propaganda-and-disinformation-about-refugees-from-ukraine/>.

de réfugiés ukrainiens, comme la Pologne, l'Allemagne et la République tchèque[37].

Des fonctionnaires et des chercheurs de l'UE ont identifié des acteurs de l'État russe et des réseaux pro-Kremlin comme les principales sources de ces campagnes de désinformation, les considérant comme faisant partie d'une stratégie plus large visant à saper l'unité européenne et le soutien à l'Ukraine[38].

Des équipes vérifiant les faits ou « fact-checkers » et les agences gouvernementales de divers pays de l'UE ont travaillé activement pour identifier et démystifier ces fausses histoires[39]. Cependant, le volume et la rapidité de la désinformation dépassent souvent ces efforts. Bien que la majorité de ces histoires soient fabriquées de toute pièce, elles peuvent avoir des conséquences réelles en influençant l'opinion publique et en affectant potentiellement les décisions politiques concernant l'aide aux réfugiés.

La campagne Doppelgänger

La campagne Doppelgänger une opération de désinformation russe sophistiquée mise en place en 2022, a ciblé plusieurs pays européens et les États-Unis en usurpant des médias légitimes afin de diffuser des récits pro-russes.

Identifiée pour la première fois en 2022 par le laboratoire de désinformation de l'Union européenne (EU DisinfoLab), la campagne Doppelgänger serait menée par des entités russes, notamment la Russian Social Design Agency et Structura National Technologies[40]. Les principaux objectifs de cette campagne étaient les suivants : a) saper le soutien de l'Occident à l'Ukraine, b) promouvoir des récits pro-russes sur la guerre, c) semer la discorde entre les pays européens et d) exploiter les vulnérabilités politiques et sociales des pays cibles.

---

37 <https://www.isdglobal.org/digital_dispatches/a-false-picture-for-many-audiences-how-russian-language-pro-kremlin-telegram-channels-spread-propaganda-and-disinformation-about-refugees-from-ukraine/>.

38 <https://uacrisis.org/en/ukrayinski-bizhentsi-v-yes-u-fokusi-rosijskoyi-propagandy>.

39 <https://edmo.eu/publications/disinformers-use-similar-arguments-and-techniques-to-steer-hate-against-migrants-from-ukraine-or-the-global-south-2/>.

40 <https://en.wikipedia.org/wiki/Doppelganger_(campagne de désinformation)>.

La campagne Doppelgänger a utilisé plusieurs tactiques sophistiquées :

1. *Clonage de sites web :* L'opération consiste à créer des répliques presque parfaites de sites d'information légitimes, y compris de grands médias tels que Der Spiegel, The Guardian, Le Monde et The Washington Post[41].
2. *L'usurpation de nom de domaine :* Les opérateurs achètent des noms de domaine similaires à ceux des médias authentiques, souvent en utilisant des domaines de premier niveau alternatifs (par exemple, .ltd, .online)[42]. Utilisant des sites web tels que « nato[.]ws » et « RRN[.]media », la campagne prétend faussement que l'OTAN double son budget militaire et exagère l'impact des réfugiés ukrainiens en Europe. Les bots et les plateformes de médias sociaux comme Facebook et Twitter amplifient le contenu, et les posts payants augmentent la visibilité. Cette opération multi-plateformes brouille les frontières entre la réalité et la fiction, et cible principalement l'opinion publique[43].
3. *Manipulation du contenu* : Les faux sites publient un mélange d'informations authentiques et d'histoires fausses alignées sur les récits pro-russes[44] – La campagne de désinformation Doppelgänger a utilisé l'IA générative et de faux domaines imitant des médias légitimes tels que *Bild* et *The Guardian* pour diffuser des récits erronés[45].
4. *Amplification sur les réseaux sociaux* : La campagne utilise des réseaux de comptes de sociaux inauthentiques pour diffuser des liens vers les faux articles[46] – « Le Counter Disinformation Network » (CDN), un collectif de 130 fact-checkers professionnels dirigé par l'organisation à but non lucratif: Alliance4Europe, a trouvé plus de 1 300 messages pro-russes entre le 4 et le 28 juin 2024 reliés à la campagne russe Doppelgänger,

---

41 <https://www.doppel.com/blog/russian-disinformation-campaign-doppelganger-is-why-doppel-exists>.

42 <https://www.cybercom.mil/Media/News/Article/3895345/russian-disinformation-campaign-doppelgnger-unmasked-a-web-of-deception/>.

43 <https://www.cybercom.mil/Media/News/Article/3895345/russian-disinformation-campaign-doppelgnger-unmasked-a-web-of-deception/>.

44 <https://www.doppel.com/blog/russian-disinformation-campaign-doppelganger-is-why-doppel-exists>.

45 <https://www.cybercom.mil/Media/News/Article/3895345/russian-disinformation-campaign-doppelgnger-unmasked-a-web-of-deception/>.

46 <https://www.euronews.com/next/2024/09/05/threat-is-ongoing-as-russian-doppelganger-operation-continues-on-x-and-meta-despite-eu-pro>.

opération de désinformation ciblée qui « repose sur l'imitation d'entités médiatiques » pour diffuser des « récits bénéfiques pour la Russie »[47].

5. *Publicité ciblée* : Doppelgänger a acheté des publicités sur des plateformes comme Facebook pour augmenter la portée de son contenu[48].
6. *Approche multilingue* : Le contenu a été produit dans plusieurs langues européennes, dont l'anglais, l'allemand, le français, l'italien et le polonais[49].

Désinformation sur l'énergie et le climat

En plus des campagnes d'interférence de puissances étrangères, la désinformation sur le climat plus diffuse, et moins orchestrée, fait également des ravages. Les efforts visant à abandonner les combustibles fossiles font en effet l'objet de campagnes de désinformation de plus en plus nombreuses. Ces campagnes visent à nier le changement climatique, à éroder la confiance et à faire dérailler les investissements dans les énergies renouvelables. De même, l'industrie des combustibles fossiles a été accusée de diffuser des informations erronées pour ralentir l'adoption des énergies renouvelables, en utilisant souvent les réseaux sociaux pour créer des chambres d'écho et exploiter les divisions.

Les principaux discours et les mécanismes identifiés sont les suivants :

Négation du changement climatique ou minimisation de l'impact humain : Le mécanisme consiste à nier l'existence du changement climatique ou à minimiser le rôle des activités humaines dans son déclenchement. Par exemple, de fausses affirmations soutiennent souvent que les gaz à effet de serre n'ont qu'un effet minime sur le réchauffement climatique ou que la hausse des températures est purement due à des variations naturelles. Ce type de désinformation a été mis en évidence sur diverses plateformes de réseaux sociaux, utilisant souvent des graphiques manipulés et des citations scientifiques trompeuses pour semer la confusion. Ces récits ne sont pas seulement diffusés par des groupes marginaux sur les médias sociaux, ils sont également relayés par des

---

47 <https://www.euronews.com/next/2024/09/05/threat-is-ongoing-as-russian-doppelganger-operation-continues-on-x-and-meta-despite-eu-pro>.

48 <https://euvsdisinfo.eu/doppelganger-strikes-back-unveiling-fimi-activities-targeting-european-parliament-elections/>.

49 <https://www.ecpmf.eu/actions-must-be-taken-to-address-mass-pro-russian-spoofing-of-legitimate-media-outlets/>.

voix influentes qui cherchent à maintenir le statu quo et à faire obstacle aux changements politiques liés au climat.

Les médias accusés d'alarmisme climatique : Ces discours accuse les médias grand public et les organisations environnementales d'exagérer les craintes concernant les effets du changement climatique, soi-disant pour créer une panique inutile dans l'opinion publique. Des articles devenus viraux critiquent les médias européens pour leur couverture de la fonte des glaces dans l'Arctique, affirmant à tort que les médias ont exagéré le rythme de la fonte des glaces. Ces affirmations visent à saper la crédibilité des rapports scientifiques légitimes, malgré les preuves substantielles fournies par des institutions fiables comme la NASA et l'Agence spatiale européenne (ESA). En donnant l'impression que les médias ne sont pas fiables, cette désinformation tente de réduire l'empressement du public à agir sur les questions climatiques.

Le discrédit des activistes : La désinformation qui présente par exemple les militants climatiques comme hypocrites se concentre souvent sur les comportements personnels des militants, tels que leurs habitudes de voyage, afin d'endommager leur crédibilité. Par exemple, des messages ont circulé en ligne accusant d'éminents défenseurs du climat d'avoir une empreinte carbone excessive, sans tenir compte des changements systémiques qu'ils préconisent. Ce discours vise à détourner l'attention de changements politiques plus larges et à remettre en cause la confiance du public dans le mouvement climatique. En mettant l'accent sur les incohérences personnelles perçues, l'intention est d'affaiblir le soutien aux objectifs plus larges du mouvement, à savoir le changement social et la justice environnementale.

Les théories du complot : La désinformation sur le climat peut être liée à des théories du complot. Les théories conspirationnistes présentent les initiatives mondiales en matière de climat comme une tentative des élites d'imposer un contrôle autoritaire, décrivant l'action climatique comme faisant partie d'un grand programme de manipulation mondiale. Elles sont relayées par les réseaux sociaux vecteurs de sensationnalisme.

Un rapport 2024 de l'OTAN fait aussi état d'acteurs étrangers qui prônent activement le déni du changement climatique et s'opposent aux investissements dans les énergies renouvelables, ce qui va dans le sens de l'intérêt des exportateurs d'énergies fossiles[50]. Le rapport met en évidence les campagnes de désinformation étrangères ciblant les transitions vers les énergies propres[51].

Les éoliennes, symbole clé des énergies renouvelables, sont devenues la cible de récits de désinformation, en particulier dans le nord de l'Europe. De fausses affirmations, comme le fait que les parcs éoliens libèrent des produits chimiques nocifs, ont largement circulé. Ces histoires sans réel fondement exagèrent souvent les impacts environnementaux et sont amplifiées par les réseaux sociaux pour remettre en cause le soutien aux énergies vertes. Parmi les exemples récents, on peut citer les histoires qui accusent les éoliennes de malformations des rennes en Norvège ou d'être responsables de la contamination de l'eau au Danemark. Ces récits sont le reflet d'efforts de désinformation plus larges visant à retarder la transition vers des sources d'énergie durables[52].

IV. Manipulation et réseaux sociaux

La manipulation des réseaux sociaux est devenue un outil essentiel pour diffuser la désinformation, amplifier les récits et influencer l'opinion publique. Cette section explore plusieurs exemples de manipulation des réseaux sociaux, en se concentrant sur des tactiques telles que les faux comptes, les réseaux de robots et les comportements inauthentiques coordonnés.

Un exemple est la façon dont les comptes liés à la Russie ont amplifié le sentiment anti-UE lors du référendum sur le Brexit en 2016. Ces efforts comprenaient l'utilisation généralisée de bots sur les réseaux sociaux et de campagnes coordonnées pour influencer la perception du public. Un autre exemple est l'utilisation d'un comportement inauthentique coordonné ciblant les élections parlementaires européennes de 2019, impliquant de faux comptes et des contenus trompeurs pour influencer les électeurs dans plusieurs pays de l'UE. Ces exemples révèlent comment la manipulation des réseaux sociaux peut amplifier la désinformation, déstabiliser les sociétés et influencer les

---

50 <https://news.sky.com/story/campaigns-of-misinformation-around-heat-pumps-says-energy-minister-amid-record-number-of-installations-13052428>.

51 <https://eciu.net/media/press-releases/2024/nato-kremlin-backed-actors-disinformation-seeks-to-derail-green-investment-comment>.

52 <https://edmo.eu/publications/wind-turbines-and-poisoned-animals-a-new-denials-popular-disinformation-narrative-against-renewable-energy/>.

résultats politiques. Il est essentiel de comprendre ces tactiques pour élaborer des stratégies efficaces de lutte contre la désinformation et de protection des processus démocratiques.

Manipulation lors du référendum sur le Brexit

Il semble que les comptes de réseaux sociaux étrangers aient joué un rôle dans l'amplification des messages anti-UE lors de la campagne du référendum sur le Brexit en 2016. Une étude réalisée par 89up, une agence numérique, a révélé que les médias soutenus par le Kremlin, RT et Sputnik, avaient une plus grande portée sur Twitter pour les contenus anti-UE que les campagnes officielles «Vote Leave» ou «Leave.EU». Le rapport estime que l'ingérence des médias russes dans le référendum a rapporté jusqu'à 4 millions de livres sterling en termes de portée sur les réseaux sociaux[53].

Twitter a ensuite révélé que des comptes avaient envoyé plus de 10 millions de tweets dans le but de répandre la désinformation et la discorde, y compris une poussée significative le jour du vote sur le Brexit. Le 23 juin 2016, la Russie a mobilisé une armée de trolls qui, à un moment donné, comprenait 3 800 comptes, qui ont tweeté 1 102 messages avec le hashtag #ReasonsToLeaveEU (Raisons de quitter l'UE)[54]. Dans l'ensemble, les comptes liés à la Russie ont tweeté l'expression « Brexit » plus de 4 400 fois au cours de leur période d'activité, bien que la plupart du temps après le référendum[55][56].

Toutefois, l'impact exact de ces efforts reste difficile à quantifier. Le rapport de la commission du renseignement et de la sécurité du Parlement britannique, publié en 2020, a critiqué le gouvernement pour n'avoir pas enquêté correctement sur l'ingérence potentielle de la Russie dans le référendum. Le rapport indique qu'aucun effort sérieux n'a été fait pour examiner les tentatives russes d'influencer le vote et qualifie cette absence d'enquête d'« étonnante »[57].

---

53 <https://89up.org/russia-report>.

54 <https://www.telegraph.co.uk/technology/2018/10/17/russian-iranian-twitter-trolls-sent-10-million-tweets-fake-news/>.

55 <https://www.bbc.com/news/technology-45894486>.

56 <https://www.telegraph.co.uk/technology/2018/10/17/russian-iranian-twitter-trolls-sent-10-million-tweets-fake-news/>.

57 <https://foreignpolicy.com/2020/07/21/britain-report-russian-interference-brexit/>.

Les récits attisant la haine

Les campagnes de désinformation ciblant les politiciens et les institutions de l'UE sont devenues une préoccupation croissante lors des élections européennes de juin 2024. Ces campagnes se concentrent souvent sur des campagnes de diffamation contre les politiciens européens tout en promouvant des récits anti-ukrainiens, des thèmes anti-UE et des contenus pro-russes.

En outre, le Global Disinformation Index (GDI) a observé une augmentation des abus et de la désinformation sexistes en ligne ciblant les dirigeantes et les candidates de l'UE, notamment la présidente Ursula von der Leyen. Ces récits comportent souvent des éléments de misogynie, de racisme, d'homophobie et d'ingérence étrangère, Ursula von der Leyen faisant l'objet d'un nombre particulièrement élevé d'attaques. La désinformation dépeint les femmes comme incompétentes et manipulatrices, en utilisant fréquemment un langage misogyne. Les femmes politiques de couleur sont confrontées à des abus racistes supplémentaires. Les médias soutenus par la Russie ont également contribué à ces récits, en particulier dans le contexte de la guerre en Ukraine. Ces attaques compromettent la participation des femmes à la vie publique[58].

Désinformation sur les incendies de Los Angeles Californie en 2025

Les incendies de forêt qui ravagent Los Angeles, en Californie en janvier 2025, comptent parmi les plus dévastateurs de l'histoire de la ville, laissant d'innombrables habitants aux prises avec la perte de leur maison et de leur communauté. Au milieu de cette tragédie, les plateformes de réseaux sociaux sont devenues un terrain fertile pour les contenus trompeurs et conspirationnistes. De nombreux comptes, qui prônent souvent le climato-scepticisme ou des explications alternatives et non fondées des incendies, ont gagné en popularité.

Des plateformes telles qu'Instagram et Telegram ont été des points chauds pour ces récits, avec des comptes comme « Climat Realist », « JakeGTV » et « MTRXISREAL Uncensored » jouant un rôle central dans la circulation de contenus spéculatifs ou fabriqués. Ces messages présentent souvent des

---

58 <https://ec.europa.eu/newsroom/edmo/newsletter-archives/53846>.

récits ancrés dans le déni du climat ou les conspirations. Par exemple, une vidéo floue partagée par JakeGTV sur Instagram montre des individus vêtus de noir, et la narration qui l'accompagne suggère qu'il s'agit soit de « vandales, soit d'agents fédéraux » qui ont délibérément allumé les incendies. La vidéo ne contient toutefois pas d'informations vérifiables sur son origine, son emplacement ou les personnes qui y figurent, et aucune preuve crédible ne vient étayer ces affirmations. Afin de susciter davantage l'intérêt des internautes, le message comportait un sondage leur demandant de spéculer sur la question de savoir si les individus étaient des criminels ou des agents du gouvernement fédéral, ce qui alimente la méfiance et les récits non fondés.

Une affirmation récurrente mentionne que si de nombreuses maisons avaient été détruites, les arbres situés à proximité n'auraient pas été brûlés. Certains utilisateurs ont associé ce phénomène à d'autres incendies, comme ceux d'Hawaï, alléguant, sans preuve, que ces événements faisaient partie d'un plan gouvernemental délibéré. Par exemple, JakeGTV a partagé une image comparant les incendies de Los Angeles à des photos de Maui et de Paradise, mettant en évidence des arbres intacts au milieu d'une destruction généralisée pour suggérer l'existence d'« incendies anormaux » dans le cadre d'un plan coordonné.

D'autres ont établi des liens avec des événements récents, tels que l'annulation de 72 000 polices d'assurance incendie de propriétaires en Californie au début de l'année 2024. Des articles affirmaient qu'il ne s'agissait pas d'une coïncidence et que les annulations faisaient partie d'un effort orchestré plus vaste visant à laisser les résidents sans protection avant que les incendies ne se produisent. Bien que les annulations d'assurance aient été un fait avéré, ces messages utilisaient un fait réel sans lien pour étayer des théories conspirationnistes en affirmant que les incendies avaient été déclenchés dans le cadre d'un plan prémédité.

D'autres posts insistaient davantage sur la négation du lien entre les incendies de forêt et le changement climatique. Par exemple, un message sur la chaîne Telegram « Climat Realist » rejetait catégoriquement l'idée que le changement climatique avait joué un rôle dans les incendies, niant à la fois les impacts actuels et les risques futurs liés au réchauffement climatique (à savoir la disparition d'hectares de forêts qui fonctionnent comme des puits de carbone).

Manipulation de plates-formes croisées

L'une des principales méthodes consiste à utiliser de multiples plateformes, telles que Telegram, VKontakte et X (Twitter), pour diffuser des récits anti-UE et anti-Ukraine. Les campagnes liées à la Russie (mais pas seulement à la Russie) ont été particulièrement actives, employant des stratégies coordonnées pour diffuser de la propagande sur les canaux de réseaux sociaux et maintenir leur portée même après leur interdiction sur les principales plateformes. Cette tactique met en évidence la façon dont les différentes plateformes sont exploitées pour maintenir l'influence et continuer à diffuser des contenus manipulés.

Un autre exemple est la désinformation ciblant le Green Deal européen, où des campagnes utilisent Facebook, Twitter et d'autres plateformes pour diffuser des affirmations trompeuses sur les politiques climatiques. Ces campagnes associent souvent l'action climatique à des sujets controversés sans rapport, tels que le COVID-19, et exagèrent l'impact négatif du Green Deal pour éroder le soutien du public. En outre, de faux récits concernant l'indépendance énergétique de l'Europe et la transition vers les énergies renouvelables sont amplifiés sur toutes les plateformes afin de semer la confusion et de résister au changement.

La coordination entre les plateformes permet aux campagnes de désinformation de se propager de manière transparente sur différents canaux, ce qui accroît leur impact et les rend plus difficiles à contrer. Pour faire face à ces campagnes, il faut des réponses coordonnées, de la transparence de la part des plateformes de réseaux sociaux et une vérification efficace des faits afin de limiter la diffusion de contenus manipulés.

Utilisation de la désinformation pour démanteler USAID

Dans une tentative radicale de réduire le déficit budgétaire américain, l'administration Trump aux Etats-Unis, accompagnée du Département officieux des Dépenses Gouvernementales (DOGE) dirigé par Elon Musk, a entrepris de démanteler USAID début 2025 – mettant presque tous les employés en arrêt forcé et gelant les programmes d'aide étrangère. Le personnel de sécurité a interdit aux employés de l'agence d'accéder à leurs bureaux, plongeant ainsi des milliards de dollars d'aide étrangère dans l'incertitude et stoppant net certains efforts humanitaires essentiels.

Un juge fédéral a émis une ordonnance restrictive temporaire, jugeant que le démantèlement est contraire à la Constitution et relève de l'autorité du

Congrès. Cependant, le démantèlement reste en vigueur en attendant une décision définitive du tribunal. Étant donné que l'administration a justifié cette action par de la désinformation, une question urgente se pose : quelles sont les limites de la gouvernance fondée sur la désinformation ?

La fermeture de l'agence USAID a été justifiée par une campagne de fausses déclarations, d'exagérations et de fabrications d'information. L'administration a présenté l'agence comme inefficace, source de gaspillage et politiquement orientée, manipulant certaines données pour créer une illusion de dysfonctionnement. Parmi les affirmations reprises de manière virale on trouve :

- *2 millions de dollars pour des cours de poterie au Maroc – En réalité, ces fonds visaient à aider les artisans marocains à préserver leur patrimoine culturel et à développer des opportunités économiques.*
- *40 milliards de dollars pour des bornes de recharge de véhicules électriques, avec seulement huit construites – Le montant réel alloué était de 7,5 milliards de dollars, avec plus de 200 bornes déjà opérationnelles et des milliers en cours de déploiement.*
- *1,5 million de dollars pour des initiatives DEI (Diversité, Équité et Inclusion) en Serbie – Une exagération trompeuse d'un programme plus vaste axé sur la gouvernance et l'équité au travail.*
- *50 millions de dollars de l'argent des contribuables utilisés pour financer des préservatifs à Gaza – Aucune preuve ou trace budgétaire ne confirme cela. En réalité, Trump et son porte-parole ont déformé un financement de 102 millions de dollars accordé par l'USAID à l'International Medical Corps (IMC), une ONG fournissant de l'aide médicale à Gaza. IMC a précisé qu'elle avait bien reçu 68 millions de dollars depuis l'attaque du Hamas du 7 octobre, mais qu'aucun fond américain n'avait été utilisé pour des préservatifs, ni pour des programmes de planification familiale.*
- *70 000 dollars pour une comédie musicale sur la diversité en Irlande, 47 000 dollars pour un opéra trans en Colombie et 32 000 dollars pour une bande dessinée transgenre au Pérou* Ces montants mis en exergue par l'administration en cours sont isolés, grossis à des fins sensationnalistes, alors qu'ils s'insèrent dans des programmes de coopération et d'aide au développement plus vastes.

Ces déformations n'étaient pas de simples erreurs, mais des stratégies intentionnelles visant à provoquer l'indignation et à justifier une décision politique radicale. Cette tactique reflète une tendance croissante en politique américaine : utiliser la désinformation pour affaiblir les institutions et consolider le pouvoir.

La campagne de désinformation sur la fermeture de l'agence USAID ne s'est pas limitée aux sources internes. Une opération russe a diffusé un faux rapport attribué à tort au média américain *E!*. Ce rapport prétendait que des célébrités comme les acteurs de cinéma Ben Stiller et Angelina Jolie avaient reçu des fonds d'USAID pour promouvoir l'image de Volodymir Zelensky en Ukraine.

Le média *E!* a démenti avoir produit ce rapport, et des documents vérifiables confirment qu'aucun des deux acteurs n'a reçu de financement du gouvernement américain – tous deux ont financé leurs déplacements de manière indépendante.

Ce qui est encore plus significatif, c'est que Donald Trump Jr. et Elon Musk ont activement relayé cette désinformation, la partageant comme un fait avéré. Loin d'être victimes d'une simple erreur, leur attitude montre qu'ils se souciaient peu de la véracité du contenu. Cet alignement avec les stratégies de désinformation russes expose les États-Unis à des menaces accrues, surtout lorsque le pouvoir exécutif amplifie lui-même ces fausses informations.

V. Comportement inauthentique coordonné et ingérence dans les élections

Le comportement inauthentique coordonné (CIB) est une tactique de manipulation qui utilise des comptes de réseaux sociaux faux, authentiques et dupliqués pour diffuser de la désinformation et manipuler l'opinion publique. Les campagnes de CIB peuvent être nuisibles et menacer la démocratie et la liberté d'expression[59]. En effet, elles fonctionnent comme un réseau antagoniste (AN) sur plusieurs plateformes de réseaux sociaux[60].

---

59 <https://www.vicarius.io/vsociety/posts/understanding-coordinated-inauthentic-behavior-cib-what-it-is-and-how-it-impacts-the-general-public>.

60 <https://www.ncbi.nlm.nih.gov/pmc/articles/PMC10060790/>.

Les opérations de CIB peuvent inclure : le harcèlement psychologique, l'exploitation des des technologies, l'attaque d'ennemis, et la diffusion de désinformation[61].

À l'approche des élections européennes de mai 2019, Facebook a détecté et supprimé plusieurs réseaux de comptes, de pages et de groupes ayant un comportement inauthentique coordonné visant les États membres de l'UE. Facebook a mis en place un centre d'opérations à Dublin pour coordonner une réponse rapide aux problèmes liés aux élections dans l'ensemble de l'UE[62]. La société a déclaré avoir supprimé plus de 500 millions de faux comptes au cours des seuls trois premiers mois de 2019, souvent avant qu'ils ne deviennent actifs.

Ce comportement inauthentique coordonné et l'ingérence dans les élections ne sont pas toujours détectés et peuvent devenir une menace à l'avenir pour des ingérences très ciblées et invisibles. Il convient également de noter que la plupart des ingérences étrangères détectées sont indirectement liées à la Russie où il existe une longue tradition de désinformation remontant à la guerre froide et à l'ex-Union soviétique. Toutefois, il existe des interférences étrangères provenant d'autres gouvernements, notamment de la Chine, mais aussi d'Israël, de la Corée du Nord, de l'Iran, ainsi qu'émergeant de groupes malveillants, par exemple Daesh.... On s'attend à ce qu'à l'avenir, l'ingérence étrangère ne soit pas seulement le fait des gouvernements, mais aussi de groupes ou de leaders d'opinion (par exemple, les mouvements d'extrême droite) soutenus par plusieurs plates-formes.

Enfin, de nombreuses campagnes de désinformation ont été menées à l'encontre d'organisations internationales afin de les décrédibiliser, comme l'Organisation pour l'interdiction des armes chimiques (OIAC). Ces campagnes visaient à discréditer les conclusions de l'OIAC et à semer le doute sur les attaques aux armes chimiques, en particulier en Syrie. Ces campagnes sont également susceptibles d'avoir un impact géopolitique lorsqu'elles sont largement diffusées, car elles peuvent influencer les participants à un procès ou à une enquête.

---

61 <https://www.ncbi.nlm.nih.gov/pmc/articles/PMC10060790/>.

62 <https://www.politico.eu/article/facebook-european-election-war-room-dublin-political-advertising-misinformation-mark-zuckerberg/>.

VI. Points de discussion et défis à venir

La lutte contre la désinformation se heurte à des difficultés constantes, principalement en raison de la complexité des processus, des menaces, des mécanismes, et du fait de responsabilités difficiles à établir (Gaborit 2024)[63].

Les débats actuels sur la réglementation des réseaux sociaux négligent le rôle des acteurs malveillants dans la diffusion de la désinformation. L'identification de ces acteurs et la recherche des origines de ces menaces constituent un défi exceptionnel. Des études menées par NATO Stratcom et EU Disinfo Lab démontrent qu'un « comportement coordonné inauthentique » est un processus de coordination avec plusieurs acteurs impliqués utilisé pour diffuser des fausses nouvelles (Romero-Vicente et al., 2024). Ce dispositif complique l'identification des menaces et rend difficile de tenir les auteurs responsables de leurs actes (Sessa et al., 2024). En l'absence de mécanismes de responsabilisation appropriés, une culture de l'impunité risque d'émerger.

Les tactiques de désinformation se sont révélées particulièrement adaptables. Par exemple, leur manœuvre sur des plateformes comme TikTok consiste à attirer un public jeune et libéral avec un contenu attrayant, puis à introduire progressivement des discours de propagande après avoir instauré une proximité et appâté l'utilisateur. Les fake news trouvent un écho auprès de groupes démographiques spécifiques, ce qui constitue une menace croissante, en particulier sur les plateformes dotées de protections faibles, comme TikTok et X (l'ancien Twitter). Si les médias et les chaînes pro-Kremlin ont amplifié la désinformation sur la guerre en Ukraine, cela n'a pas empêché la diffusion d'informations erronées sur d'autres sujets, notamment sur le changement climatique, où les auteurs sont moins facilement identifiables. Des recherches supplémentaires seraient nécessaires dans ce domaine.

Les lignes sont également floues entre la « démystification » de la désinformation et sa détection par les agences de sécurité. Les grandes campagnes de désinformation manipulatrices sont en effet encore dévoilées par les agences de cybersécurité. Par exemple, l'agence française Viginum a été créée en

---

63 Vous pouvez également retrouver ces points de discussion dans mon récent article « A sociological Approach to Disinformation and AI: concerns, responses and challenges », *Journal of Political Science and International Relations*, Vol 7, n° 4, 75-88, 2024. <https://doi.org/10.11648/j.jpsir.20240704.1>.

2021 pour détecter les interférences numériques d'entités étrangères visant à influencer l'opinion publique. En février 2024, l'agence a signalé aux médias qu'elle avait identifié plus de 193 sites web diffusant de la désinformation par le biais des réseaux sociaux et d'applications de messagerie. Selon l'agence, la campagne de désinformation amplifiait les théories du complot et créait des tensions. Il semble que même pour les agences de sécurité, détecter clairement l'origine de la campagne n'est pas toujours évident, lorsque la désinformation ou la mésinformation doivent être retracées jusqu'à des gouvernements étrangers ou de simples individus agissant dans l'intérêt de leur pays. En outre, la guerre hybride, pour laquelle la désinformation n'est qu'un outil, combine les cyberattaques et la désinformation massive, ce qui fait peser des risques d'influence malveillante sur les médias, les gouvernements, les infrastructures publiques, mais aussi sur la société civile et au sein des milieux universitaires.

Les plateformes de réseaux sociaux s'éloignent par ailleurs aussi du « fact-checking » et de la vérification des faits, optant plutôt pour des « community notes », qui s'appuient sur les contributions ouvertes des utilisateurs sans modération externe. Cette évolution soulève des inquiétudes quant à l'efficacité de la lutte contre la désinformation à grande échelle. La vérification indépendante des faits s'est considérablement développée – elle a doublé en six ans pour atteindre près de 400 équipes de journalistes et de chercheurs dans 105 pays – mais cette croissance s'est ralentie et il reste difficile d'en mesurer l'impact. Les fact-checkers sont confrontés à des ressources limitées, à leur portée et à leur approche réactive, puisqu'ils ne traitent souvent les fausses informations qu'une fois qu'elles se sont répandues.

La lutte contre la désinformation devient d'autant plus difficile que les plateformes réduisent la modération de leur contenu et que les institutions réduisent la vérification des faits. Malgré leur importance, les fact-checkers ne peuvent à eux seuls faire face à l'ampleur et à la complexité de la désinformation, ce qui souligne la nécessité de mesures préventives plus fortes pour protéger le discours public. Des recherches montrent en effet, que « les acteurs hostiles persistent à concevoir des stratégies innovantes pour contourner les mécanismes de blocage de la désinformation » (Bergmanis-Koräts et al., 2024 : 9). Le journalisme indépendant, capable de recouper les informations, n'a jamais été aussi important que ces dernières années, alors que la technologie met en péril leurs modèles économiques (Lloyd et al., 2015, Kunelius et al.,

2027, Newman et al., 2024), les médias traditionnels ayant de plus en plus de mal à trouver des mécanismes de financement.

Il est intéressant de noter que la plateforme Google a créé une initiative de « pré-bunking » visant à permettre aux individus de repérer, de prévenir et de détecter la désinformation en ligne[64]. La plateforme permet de détecter 11 techniques de manipulation : Langage émotionnel, fausse dichotomie, cherry picking, faux experts, faux-fuyants, bouc émissaire, ad hominem, polarisation, usurpation d'identité, pente glissante, décontextualisation. Ces tactiques peuvent en effet être utilisées pour identifier la désinformation, mais pas pour empêcher sa propagation à grande échelle, car l'utilisation de faux comptes ou de robots sont utilisées pour diffuser les campagnes de désinformation ce qui rend complexe leur blocage. Ces 11 tactiques sont détaillées dans l'encadré ci-dessous :

1. *Langage émotionnel :* Utiliser des émotions et des mots chargés d'émotions pour provoquer des réactions telles que l'empathie, la peur, la tristesse ou la colère et influencer l'opinion.
2. *Faux dilemme :* Présenter uniquement deux options – dont l'une est clairement défavorable – afin d'influencer le choix du lecteur vers l'opinion favorable à son point de vue (par exemple *il y a ceux qui sont opposés et ont des arguments fallacieux, et mon point de vue…*).
3. *Sélection biaisée des faits (Cherry-picking) :* Mettre en avant des données favorisant un point de vue tout en ignorant les preuves contraires. Ceci est particulièrement vrai pour le changement climatique.
4. *Faux experts :* Citer des individus qui semblent crédibles mais qui n'ont pas l'expertise nécessaire pour valider des affirmations erronées.
5. *Diversion (Red Herring) :* Introduire des informations hors sujet pour détourner l'attention du problème principal.
6. *Désignation de boucs émissaires :* Accuser à tort une personne ou un groupe d'être responsable d'un problème afin de détourner l'attention.
7. *Attaque personnelle (Ad hominem) :* Critiquer l'individu plutôt que de répondre à ses arguments.
8. *Polarisation :* Diviser les gens en groupes opposés pour créer des tensions et empêcher le consensus.

---

[64] <https://prebunking.withgoogle.com/>.

9. *Usurpation d'identité* : Se faire passer pour une source de confiance afin de tromper et de propager de fausses informations.
10. *Pente glissante* : Affirmer qu'une petite action entraînera des conséquences néfastes graves sans preuve réelle.
11. *Décontextualisation* : Présenter une information hors de son contexte pour induire en erreur. Les campagnes de désinformation visant l'agence USAID sont présentées de manière décontextualisée. Par exemple « soutien aux cours de poteries au Maroc » ne prend pas en compte le soutien à des activités économiques créatrices d'emploi, comme la dépense de millions de dollars pour « l'envoi de préservatifs » à des pays tiers sans mentionner un contexte de lutte contre le SIDA/HIV, paraît complètement risible et absurde.

Encadré 1 : Les 11 tactiques identifiées par l'initiative de Pre Bunking Google[65]

Un autre impact, qu'il ne faut pas négliger, est celui de la désinformation ciblée sur les résultats électoraux dans les élections des pays démocratiques (Wade, 2018). Pour y faire face, des mesures *préventives* devraient être mises en place plutôt que des actions à postériori.

En s'appuyant sur la collecte et la manipulation des données des utilisateurs afin d'anticiper et d'influencer les opinions politiques des électeurs et les résultats des élections, le profilage des utilisateurs et le microciblage peuvent par ailleurs constituer une menace pour la démocratie, le débat public et les choix des électeurs (Kertysova, 2018, Mont'Alverne et al., 2024). Ce point est extrêmement important car l'année 2024 a été une année électorale pour la moitié de la population mondiale, et la question des interférences reste en suspens car les preuves sont difficiles à trouver, et les outils créés, même en incluant l'IA, ne sont pas encore en mesure de débusquer toutes les fake news.

Si le profilage des utilisateurs et le microciblage politique peuvent sembler relever de la publicité commerciale, ces pratiques posent également des problèmes de respect de la vie privée et de protection des données à caractère personnel. Cela nous ramène au processus sous-jacent de collecte et de

[65] <https://prebunking.withgoogle.com/>.

traitement de grandes quantités de données à caractère personnel utilisées dans les systèmes d'IA[66].

> « Ces données peuvent être [...] dépouillées de leur(s) finalité(s) initiale(s) et peuvent être utilisées pour des objectifs dont l'individu n'est en grande partie pas conscient – dans ce cas, le profilage et le ciblage avec des messages politiques – en violation des principes existants de l'UE en matière de protection des données. » (Kertysova, 2018)[67]

L'augmentation du nombre de fake news est susceptible d'avoir un impact en créant des doutes, de la confusion et des inquiétudes parmi les lecteurs, ce qui a pour effet de diluer les informations sur les faits réels. Il est difficile d'identifier d'emblée ce qui peut être considéré comme une information digne de confiance et ce qui ne l'est pas. Les résultats de notre recherche montrent qu'alors que la désinformation se répand et est utilisée dans des campagnes de plus en plus complexes et agressives, les réponses existantes n'en sont qu'à leur début. Les réponses actuellement disponibles sont en effet « réactives » et reposent sur les plates-formes de modération et sur les utilisateurs pour qu'ils deviennent plus « critiques » à l'égard de ce qu'ils lisent. En outre, les auteurs de la désinformation se trouvant souvent à l'étranger, les questions de « responsabilité » et de « transparence » sont limitées, car il est complexe pour les autorités publiques de localiser les auteurs des campagnes de désinformation et de leur demander des comptes. Dans ce contexte, la réglementation actuelle, bien que complète, reste inefficace.

De plus, le relai de nombreuses désinformations par l'administration Trump, et en particulier par Elon Musk pose la question d'une gouvernance fondée sur la désinformation. La désinformation concernant le démantèlement de USAID pourrait constituer un test grandeur nature pour évaluer jusqu'où la désinformation peut être utilisée pour démanteler des institutions.

Si cette approche fonctionne ici, qu'est-ce qui empêchera l'administration d'utiliser les mêmes méthodes pour contourner le Congrès, ignorer les décisions judiciaires ou délégitimer les élections futures ?

---

66 Et qui sera également utilisé dans les systèmes de démystification liés à l'IA.

67 Les systèmes ont également besoin de vastes ensembles de données d'entraînement pour améliorer leur précision et leurs performances.

En normalisant la désinformation comme outil de gouvernance, cette administration jette les bases d'une concentration du pouvoir et utilise une communication qui flirte avec la propagande. Ce ne serait pas quelque chose de nouveau historiquement mis à part le fait que cette propagande développe des liens avec des ingérences étrangères, et qu'elle est relayée par des outils ultra modernes. C'est là que cela devient particulièrement dangereux, et que cela peut mettre en péril la démocratie américaine, l'état de droit, mais aussi les fragiles équilibres de la stabilité mondiale.

VII. Conclusion

À travers ce chapitre, nous avons pu avoir premier aperçu de la menace que représente la désinformation, en analysant son impact sur la société et les limites des réponses proposées. Notre analyse met en évidence un contexte général d'impunité pour les acteurs malveillants et les auteurs de désinformation, y compris pour les cas d'usurpation d'identité. Il confirme l'utilisation croissante de fake news et de la désinformation comme armes politiques dans les débats démocratiques, soulignant la nécessité d'approfondir la recherche et de mettre en place des mesures de prévention efficaces.

Les nouvelles technologies créent des opportunités pour les communautés en ligne et la pensée collective. Cependant, elles contribuent également à la propagation de désinformation entraînant indirectement un effondrement de l'autorité des institutions et une érosion des valeurs. Les figures d'autorité traditionnelles sont remplacées par un accès illimité à l'information et à la connectivité, y compris à des contenus falsifiés et manipulés. La société civile, le secteur privé et les dirigeants – y compris les entreprises, les communautés et les dirigeants politiques – doivent relever ces défis. Selon les experts en sécurité (Kueng, 2020), les futurs dirigeants seront confrontés à un nouvel environnement caractérisé par des tendances majeures : une incertitude généralisée, la nécessité d'être polyvalent, la capacité de créer de nouvelles communautés et un soutien accru aux actions collectives.

La révolution numérique façonne indubitablement un monde d'incertitudes, provoquant des bouleversements dans l'économie, la politique et les modes de vie. Les jeunes générations doivent s'adapter à ces changements rapides en développant des compétences informatiques, une éducation aux médias et une compréhension des processus algorithmiques. Les dirigeants, les travailleurs indépendants, les étudiants et les employés doivent cultiver de nouvelles compétences telles que la gestion électronique, la maîtrise des technologies de l'information, les aptitudes à la communication et la capacité à gérer une quantité illimitée d'informations instantanées. Toutefois, des limites sont nécessaires pour éviter que les changements technologiques – comme l'émergence d'algorithmes ou de robots – exercent un dictat sur nos modes de vie.

La désinformation est une préoccupation partagée par la société civile. La révolution numérique – catalysée par l'IA mais dont les origines sont plus anciennes – est un facteur clé qui façonne le monde de demain. Les résultats de nos recherches indiquent que les réponses à la désinformation dans les pays européens ne sont pas encore efficaces, malgré le cadre réglementaire solide en place. Comme le montre ce chapitre, nous assistons à un changement important dans la manière dont nous accédons à l'information, alors que les réponses existantes n'en sont qu'à leurs balbutiements. Notre analyse révèle également que les pays européens et d'autres pays sont de plus en plus conscients de l'impact de la désinformation. Toutefois, elle met aussi en évidence un fossé entre la capacité à identifier les « fake news », la désinformation, et les réponses apportées, ainsi qu'une compréhension limitée des stratégies, des menaces et des acteurs impliqués dans leur diffusion.

Mais, imaginez un monde où il n'y a pas de faits, pas de vérité, pas de science... Un monde de mensonges et de manipulations.

Références

AI4DEBUNK 2024, « Vers un cadre théorique », AI4debunk, Riga, 13 mars 2024.

Antoniuk, D. (2023, 8 novembre). « Les sociétés russes "d'influence" diffusent de la propagande en Amérique latine : US State Department », *The Record by Recorded Future*. <https://therecord.media/russia-influence-for-hire-firms-latin-america-propaganda-us-state-department>.

Art S. « Éducation aux médias et pensée critique », *International Journal of Media and Information Literacy*, *3*(2), 66-71, 2018.

Bauer M., Cahlíková J., Chytilová J., Roland G., Želinský T. « Shifting Punishment onto Minorities: Experimental Evidence of Scapegoating »,

The Economic Journal, Volume 133, Issue 652, 1626-1640, May 2023. <https://doi.org/10.1093/ej/uead005>.

Bergmanis-Koräts G., Arhippainen M. et al. « Virtual Manipulation Brief. Le détournement de la réalité. Le rôle accru de l'IA générative dans la propagande russe », NATO Stratcom, 2024. <https://stratcomcoe.org/publications/virtual-manipulation-brief-20241-hijacking-reality-the-increased-role-of-generative-ai-in-russian-propaganda/307>.

Betz H.G., Oswald M.L. « Emotional Mobilization: The affective Underpinnings of Right-Wing Populist Party Support », *Palgrave Handbook of Populism*, 115-143, 2021.

Bollmann H.S., Gibeon G. « La diffusion de documents piratés sur Twitter : Une menace pour la démocratie ? A case study of the 2017 Macron Leaks », Thèse de doctorat, Hertie School, 2022.

Bontridder N., Poullet Y. « Le rôle de l'intelligence artificielle dans la désinformation », Data & Policy, 3 : 2021, e32. DOI: <10.1017/dap.2021.20>.

Butcher P., Neidhardt A.H. « Fear and lying in the EU : Combattre la désinformation sur la migration avec des récits alternatifs », Fondation pour les études progressistes européennes, 2020.

Charillon F. *Guerres d'influence*, Odile Jacob, 2018.

Cull N.J. « Public Diplomacy: lessons from the past », USC center of public diplomacy, 2009.

Darwin, Rusdin, D., Mukminatien N., Suryati N., Laksmi E.D., Marzuki. « Critical thinking in the AI era: An exploration of EFL students' perceptions, benefits, and limitations », *Cogent Education*, 11(1), 2290342. 2024. <https://doi.org/10.1080/2331186X.2023.2290342Page%205%20of%2018>.

Dauksas V., Venclauskiené L., Urbanaviciuté K., Friedman O. « La guerre sur tous les fronts : comment l'écosystème médiatique du Kremlin diffuse la guerre en Ukraine », NATO Stratcom. <https://stratcomcoe.org/publications/war-on-all-fronts-how-the-kremlins-media-ecosystem-broadcasts-the-war-in-ukraine/301>.

Deutsch M. « Trust and Suspicion », *Conflict Resolution*, Number 2 (Vol 8), 1958.

Agence de l'Union européenne pour la cybersécurité (i), Lella I., Ciobanu C., Tsekmezoglou E. *Paysage des menaces de l'ENISA 2023 : July 2022 to*

June 2023, Agence de l'Union européenne pour la cybersécurité, 2023. Extrait de <https://data.europa.eu/doi/10.2824/782573>.

Agence de l'Union européenne pour la cybersécurité (ii), Tsekmezoglou, E., Lella, I., Malatras, A. et al, *ENISA threat landscape for DoS attack—January 2022 to August 2023*, Agence de l'Union européenne pour la cybersécurité, 2023. Extrait de <https://data.europa.eu/doi/10.2824/859909>.

Commission européenne. « Une approche multidimensionnelle de la désinformation : Rapport du groupe indépendant de haut niveau sur les fausses nouvelles et la désinformation en ligne ». Direction générale des réseaux de communication, du contenu et de la technologie, 2018a. Disponible à l'adresse <https://ec.europa.eu/digital-single-market/fr/news/final-report-high-level-expert-group-fake-news-and-online-disinformation>.

Commission européenne. « Code de pratique sur la désinformation », 2018b. Disponible à l'adresse suivante : <https://ec.europa.eu/digital-single-market/en/news/code-practice-disinformation>.

Commission européenne. « Rapport de synthèse de la consultation publique sur les fausses nouvelles et la désinformation en ligne », 2018c. <https://ec.europa.eu/digital-single-market/en/news/synopsis-report-public-consultation-fake-news-and-online-disinformation>.

Commission européenne. « Lutter contre la désinformation en ligne : Une approche européenne (communication) COM (2018) 236 final », 2018d. <https://eur-lex.europa.eu/legal-content/EN/TXT/?uri=CELEX%3A52018DC0236>.

Commission européenne. « Assessment of the Code of Practice on Disinformation—Achievements and areas for further improvement ». Document de travail des services de la Commission (SWD(2020) 180 final), 2020a.

Commission européenne. « Plan d'action pour la démocratie européenne » (Communication) COM(2020) 790, 2020b, final. <https://eur-lex.europa.eu/legalcontent/EN/TXT/?uri=COM%3A2020%3A790%3AFIN&qid=1607079662423>.

Commission européenne. « Orientations sur le renforcement du code de bonne pratique en matière de désinformation » (COM(2021) 262 final), 2021a. <https://digital-strategy.ec.europa.eu/en/library/guidance-strengthening-code-practice-disinformation>.

Commission européenne. « Proposition de RÈGLEMENT DU PARLEMENT EUROPÉEN ET DU CONSEIL ÉTABLISSANT DES RÈGLES HARMONISÉES SUR L'INTELLIGENCE ARTIFICIELLE (LOI SUR L'INTELLIGENCE ARTIFICIELLE) ET MODIFIANT CERTAINS ACTES LÉGISLATIFS DE L'UNION », COM/2021/206 final, 2021b.

Commission européenne. « RÈGLEMENT DÉLÉGUÉ DE LA COMMISSION (UE) …/… du 20.10.2023 complétant le règlement (UE) 2022/2065 du Parlement européen et du Conseil, en établissant des règles relatives à la réalisation d'audits pour les très grandes plateformes en ligne et les très grands moteurs de recherche en ligne », C(2023) 6807 final, 20/10/2023, 2023.

Fine G.A. « Rumeur, confiance et société civile : Collective Memory and Cultures of Judgment », *Diogène*, *54*(1): 5-18, 2007. DOI: <10.1177/0392192107073432>.

Foreign Affairs Review. « The meaning of sharp power: How authoritarian States project Influence », Foreign Affairs Review, 16th November 2017.

Gaborit P. « A sociological Approach to Disinformation and AI: concerns, responses and challenges », *Journal of Political Science and International* Relations, Vol 7, n° 4, 75-88. 2024. <https://doi.org/10.11648/j.jpsir.20240704.11>.

Gaborit P. *Restaurer la confiance après un conflit civil,* L'Harmattan, 2009a.

Gaborit P. « La confiance après un conflit ou la confiance désenchantée », in Bertho A., Gaumont-Prat H. et Serry H. Colloque international *La confiance et le conflit*, Université Paris Vincennes Saint Denis, 2009b.

Girard R. *The Scapegoat,* Johns Hopkins University Press, 1986.

Goodhart D. *L'avenir quelque part : La révolte populiste et l'avenir de la politique*. Londres, Hurst and Company, 2017.

Goodhart D. « Les vengeances des lieux qui ne comptent pas – et ce qu'il faut faire à ce sujet », *Cambridge Journal of Regions, Economy and Society,* II(I), 189-201, 2017.

Grabner-Kräuter S. « Recherche empirique sur la confiance en ligne. A Review and Critical Assessment », *International Journal of Human-Computer Study,* 2003. DOI : <10.1016/S1071-5819(03)00043-0>.

Grinberg N., Joseph K., Friedland L., Swire-Thompson B., Lazer D. « Fake news on Twitter during the 2016 US presidential election », *Science, 363*(6425), 2019, 374-378.

Kertysova K. « Artificial Intelligence and Disinformation How AI Changes the Way Disinformation is Produced, Disseminated, and Can Be Counted », *Security and human rights* 29. 2018, 55-81.

Lloyd J., Toogood L. *Journalism and PR: News Media and Public Relations in the Digital Age,* I.B. Tauris and Reuters Institute, 2015.

Hamm J.A., van der Werff L., Osuna A.I., Blomqvist K., Blount-Hill K.L., Gillespie N., Tomlinson E.C. « Capturing the conversation of trust research », *Journal of Trust Research*, *14*(1), 1-7. 2024. <https://doi.org/10.1080/21515581.2024.2331285>.

Hardin R. (Ed.). *Trust and Trusworthiness,* New York, Russel Sage foundation editions, collection on trust, volume 4, 2002.

Hardin R. (Ed.). *Distrust,* NYC, Russell Sage Foundation, 2004.

Haiduchyk T., Shevtsov A., Bergmanis-Koräts G. « AI in Precision Persuasion: Unveiling Tactics and Risks on Social Media », NATO Stratcom 2024. <https://stratcomcoe.org/publications/ai-in-precision-persuasion-unveiling-tactics-and-risks-on-social-media/309>.

Hersh M.A. « Barriers to ethical behaviour and stability : Stereotyping and scapegoating as pretexts for avoiding responsibility », *Annual Reviews in Control*, Volume 37, Issue 2, 2013, 365-381, <https://doi.org/10.1016/j.arcontrol.2013.09.013>.

King K., Wang B. « Diffusion d'informations réelles ou erronées lors d'un événement de crise : A big data driven approach. » *International Journal of Information Management*, 71, 2023. <https://doi.org/10.1016/j.ijinfomgt.2021.102390>.

Kueng L. *Hearts and Minds: Harnessing Leadership, Culture, and Talent to Really Go Digital,* Oxford University, Reuteurs Institute, 2020.

Kunelius R., Heikkilä H., Russell A., Yagodin D. (Eds.). *Journalism and the NSA Revelations: Privacy, Security and the Press*, I.B. Tauris, 2017.

Luhmann N. *Trust and Power: Two Works by Niklas Luhmann*. Traduction des originaux allemands Vertrauen 1968 et Macht 1975, Chichester, John Wiley, 1979.

Małecka, A. « Les acteurs non étatiques dans les opérations cybernétiques des États-nations », *Rocznik Bezpieczeństwa Międzynarodowego*, 2024, *18*(1), 45-64.

Mont'Alverne C., Badrinathan S., Ross Arguedas A., Toff B., Fletcher R., et Kleis Nielsen R. *The Trust Gap: How and Why News on Digital Platforms*

Is Viewed More Sceptically Versus News in General, Reuters Institute, 2022 <https://reutersinstitute.politics.ox.ac.uk/trust-gap-how-and-why-news-digital-platforms-viewed-more-sceptically-versus-news-general>.

Moravcsik A. « Taking preferences seriously: A Liberal Theory of International politics », *International Organization*, vol 4, n° 51, automne 1997, pp. 513-533.

Newman N. *Digital News Project: Journalisme, médias et technologie: Trends and Prediction*, Université d'Oxford, Reuters Institute, 2024.

Persily N., Tucker J.A. *Social Media and Democracy The State of the Field, Prospects for Reform*, Cambridge University Press, 2021.

Putnam R. *Making Democracy work: Civic traditions in Modern Italy*, Princeton University Press, 1993.

Romero Vincente A et al. « Comportement inauthentique coordonné », *EU Disinfo Lab*, Fondation Friedrich Nauman, 2024.

Sessa M.G. « Connecting the Disinformation Dots », *EU Disinfolab*, Fondation Friedrich Nauman, 2023.

Scott K.D. « The causal relationship between Trust and the assessed value of management by objectives », *Journal of management*, vol 6, 1980, pp. 157-175.

Seligman A. *The problem of Trust*, Princeton, Princeton University Press, 1997.

Sessa M.G., Miguel R. « The Doppelganger Case: Assessment of Platform Regulation on the EU Disinformation Environment » (« Évaluation de la réglementation des plateformes sur l'environnement de désinformation de l'UE »), NATO Stratcom, 2024.

Shahbazi M. « Bunker D. Social media Trust: Fighting misinformation in the time of crisis », *Information Journal of Information Management*, 77, 2024. <https://doi.org/10.1016/j.ijinfomgt.2024.102780>.

Six F.E., Latusek D. « Distrust: A critical review exploring a universal distrust sequence », *Journal of Trust Research*, *13*:1, 1-23, 2024. DOI: <10.1080/21515581.2023.2184376>.

Scheirer W. *A Review of A History of Fake Things on the Internet*, Stanford University Press, 2023. <http://www.sup.org/books/title/?id=35460>.

Smith R.B., Perry M., Smith, N.N. « 'Fake News' in ASEAN: Legislative responses », *Journal of ASEAN Studies*, *9*(2), 117-137, 2021. <https:/doi.org/10.21512/jas.v9i2.7506>.

Smuha, N.A. « Beyond the individual: governing AI's societal harm », *Internet Policy Review*, 10.3, 2021. DOI: <10.14763/2021.3.1574>.

Stahl B.C. « On the Difference or Equality of Information, Misinformation, and Disinformation: A Critical Research Perspective », *Informing social science*, Vol 9, 2006. <https://doi.org/10.28945/473>.

Sztrompa P. *Trust a sociological theory,* New York, Cambridge University Press, 1999.

Tilly C. *Trust and Rule*, Cambridge University Press, 2005.

Walker C., Kalathil S., Ludwig J. « The cutting edge of sharp Power », *Journal of Democracy,* 31(1), pp. 124-137, 2020.

Wade M. « Psychographics : L'analyse comportementale qui a aidé Cambridge Analytica à connaître l'esprit des électeurs », *The Conversation*, 21 mars 2018. <https://theconversation.com/psychographics-the-behavioural-analysis-that-helped-cambridge-analytica-know-voters-minds-93675>.

Whyte C. « Deepfake news: AI-enabled disinformation as a multi-level public policy challenge », *Journal of Cyber Policy*, 5:2, 199-217, 2020. DOI: <10.1080/23738871.2020.1797135>.

Witzel L. « 5 Things You Must Know Now About the Coming EU AI Regulation », pp. 128-146, 2021. <https://medium.com/@loriaustex/5-things-you-must-know-now-about-the-coming-eu-ai-regulation-d2f8b4b2a4a9>.

L'action climatique et les Objectifs du Développement Durables (ODDs) menacés par un environnement global fragmenté

Imaginez un monde ravagé par les tempêtes, les inondations et les famines, où l'humanité aurait détruit sa plus grande alliée : la Terre. L'action en faveur du climat est souvent accompagnée par l'expression « penser globalement, agir localement ». L'urgence globale de l'action climatique appelle simultanément à une réflexion plus locale dans le cadre d'approches agiles – adaptées à la géographie, à la société et à la culture – et à une action plus globale pour contrer les effets du climat. Bien que certaines solutions existent, notamment pour protéger les écosystèmes mondiaux tels que les forêts et les océans, nous sommes loin d'avoir atteint la résilience au changement climatique. Le chemin à parcourir pour raviver l'action climatique est encore long. La communauté internationale doit aller au-delà des bavardages et « passer à l'action » en vue d'un changement efficace, même si la transformation induite a un coût important.

L'ancien président des États-Unis, Barack Obama, a souligné la nécessité de ne pas se contenter de « parler, mais d'agir » lors de son allocution au Sommet des leaders nord-américains de 2016 à Ottawa, au Canada. Cet adage résonne aussi fortement dans le contexte de l'action climatique. Un changement transformateur exige de dépasser la rhétorique pour mettre en œuvre des mesures tangibles et efficaces, malgré les coûts élevés et les défis complexes qu'elles impliquent.

L'action climatique nécessite une approche globale. En 2015, cette approche a été concrétisée par les objectifs de développement durable des Nations unies, qui ont établi une feuille de route pour réduire la pauvreté et la faim, améliorer l'accès à l'éducation et mettre en œuvre des actions en faveur du climat. Les 17 ODD, dont il sera question plus loin, représentent la seule voie vers un monde plus équilibré, une nécessité pour la survie de l'humanité. Ces objectifs sont interconnectés.

Cependant, la coopération mondiale en matière d'action climatique a connu des revers importants. Le récent retrait des États-Unis de l'Accord de Paris sous l'administration Trump (entériné par le décret de janvier 2025) a marqué un moment dévastateur, sapant les efforts internationaux de lutte contre le changement climatique et envoyant des signaux contradictoires sur l'urgence de la crise.

La communauté des chercheurs s'accorde unanimement sur la nécessité de prendre des mesures urgentes pour renforcer la résilience des sociétés, des écosystèmes et des territoires face aux impacts du changement climatique. Le dialogue est un outil essentiel dans cet effort, car il permet d'élargir le processus de prise de décision et de favoriser l'interaction entre les décideurs politiques et la société civile. En ouvrant les esprits, en générant de nouvelles idées et en permettant l'échange de connaissances et de ressources, le dialogue agit comme un catalyseur de l'action. Toutefois, le dialogue à lui seul est insuffisant. Des obstacles structurels tels que les conflits d'intérêts, le

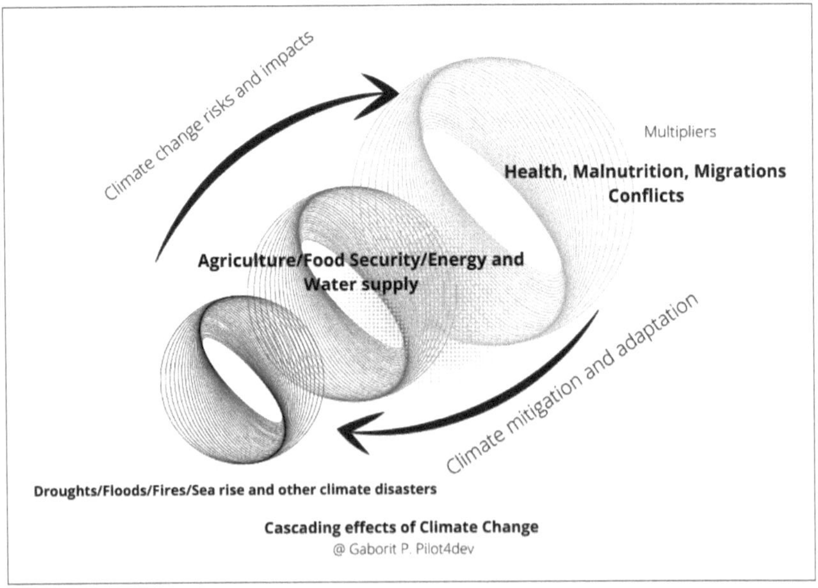

Fig. 4: Les impacts du changement climatique. Source auteur.

manque de financement, les politiques incohérentes, la responsabilité limitée et l'inaction politique continuent d'entraver la mise en œuvre complète des solutions climatiques.

Pour relever ces défis, nous devons prendre des décisions mondiales plus audacieuses, concevoir des politiques plus cohérentes et réalisables, et intégrer véritablement les effets du climat dans les cadres de gouvernance des institutions internationales. La mise en place de réseaux communautaires fondés sur la confiance est essentielle pour garantir la réussite de la mise en œuvre de ces stratégies. En fin de compte, pour parvenir à une action climatique transformatrice, il ne suffit pas de parler de solutions, il faut aussi passer à l'action en prenant des mesures significatives. L'avenir de notre planète dépend de l'urgence, de l'unité et de la force de nos efforts collectifs. Le rôle de la confiance en ce sens est primordial.

I. Les objectifs de développement durable

Les Objectifs de développement durable (ODD) sont un ensemble de 17 objectifs mondiaux établis par les Nations unies en 2015 dans le cadre de l'Agenda 2030 pour le développement durable. Ces objectifs visent à relever un large éventail de défis mondiaux, notamment la pauvreté, les inégalités, la dégradation de l'environnement, la paix et la justice, tout en veillant à ce que personne ne soit laissé pour compte.

Les 17 objectifs de développement durable (ODD) :

1. *Non à la pauvreté :* Mettre fin à la pauvreté sous toutes ses formes et partout.
2. *Faim Zéro :* Éliminer la faim, assurer la sécurité alimentaire, améliorer la nutrition et promouvoir l'agriculture durable.
3. *Santé et bien-être :* Garantir une vie saine et promouvoir le bien-être pour tous et à tout âge.
4. *Une éducation de qualité :* Garantir une éducation de qualité inclusive et équitable et promouvoir les possibilités d'apprentissage tout au long de la vie pour tous.
5. *L'égalité entre les hommes et les femmes :* Réaliser l'égalité entre les hommes et les femmes et autonomiser toutes les femmes et les filles.

6. *Eau propre et assainissement* : Assurer la disponibilité et la gestion durable de l'eau et de l'assainissement pour tous.
7. *Une énergie abordable et propre* : Garantir l'accès de tous à une énergie abordable, fiable, durable et moderne.

8. *Travail décent et croissance économique* : Promouvoir une croissance économique soutenue, inclusive et durable, le plein emploi productif et un travail décent pour tous.
9. *Industrie, innovation et infrastructure* : Construire des infrastructures résilientes, promouvoir une industrialisation inclusive et durable, et favoriser l'innovation.
10. *Réduction des inégalités* : Réduire les inégalités au sein des pays et entre eux.
11. *Villes et communautés durables* : Rendre les villes et les établissements humains inclusifs, sûrs, résilients et durables.
12. *Consommation et production responsables* : Garantir des modes de consommation et de production durables.
13. *Action pour le climat* : Prendre des mesures urgentes pour lutter contre le changement climatique et ses conséquences.
14. *La vie sous l'eau* : Conserver et utiliser durablement les océans, les mers et les ressources marines pour un développement durable.
15. *La vie sur terre* : Protéger, restaurer et promouvoir l'utilisation durable des écosystèmes terrestres, gérer durablement les forêts, lutter contre la désertification et enrayer la perte de biodiversité.
16. *Paix, justice et institutions fortes* : Promouvoir des sociétés pacifiques et inclusives pour le développement durable, assurer l'accès à la justice pour tous et mettre en place des institutions efficaces, responsables et inclusives à tous les niveaux.
17. *Partenariats pour les objectifs* : Renforcer les moyens de mise en œuvre et revitaliser le partenariat mondial pour le développement durable.

Encadré 2. Les Objectifs du Développement Durable. Source ONU

Des tendances positives ont été observées, liées à la mise en œuvre des ODD dans le monde entier. Par exemple, la pauvreté dans le monde a été considérablement réduite depuis 2000. Le pourcentage de personnes vivant dans l'extrême pauvreté est passé de 15,7 % en 2010 à 8,6 % en 2018. Toutefois il est à noter, de manière plus nuancée que, les progrès ont été inégaux et que la pandémie de COVID-19 a entraîné un ralentissement des progrès. L'accès à l'enseignement primaire s'est néanmoins amélioré, les taux de scolarisation ayant augmenté dans de nombreuses régions, en particulier en Afrique subsaharienne. Des progrès ont également été réalisés en matière de parité filles et garçons dans le domaine de l'éducation.

Des progrès significatifs ont été réalisés dans la réduction de la mortalité infantile et l'amélioration de la santé maternelle. L'espérance de vie a augmenté et davantage de personnes ont accès à des services de santé essentiels. Selon les Nations-Unies, les pays ont adopté diverses politiques pour réduire les émissions de carbone et s'orienter vers les énergies vertes. L'accord de Paris, une étape clé pour l'action climatique, fait partie de ces efforts. Des efforts ont également été déployés pour freiner la pêche illégale et la déforestation.

Il existe cependant un consensus général sur le fait que les objectifs ne seront pas atteints d'ici 2030, malgré les efforts déployés.

Malgré les progrès accomplis, l'inégalité au sein des pays et entre eux reste un défi de taille. L'écart entre les riches et les pauvres s'est creusé et des millions de personnes restent dans l'extrême pauvreté, en particulier dans les pays à faible revenu. La pandémie de COVID-19 a par ailleurs exacerbé les inégalités. Le changement climatique reste un problème majeur : malgré les efforts déployés, les températures mondiales continuent d'augmenter et les phénomènes météorologiques extrêmes sont de plus en plus fréquents. Les émissions de carbone n'ont pas été suffisamment réduites pour atteindre les objectifs de l'Accord de Paris. Des obstacles politiques et économiques empêchent encore d'accélérer les progrès. Si la faim a reculé dans certaines régions, la faim dans le monde a augmenté ces dernières années.

Autre réalité, des millions d'enfants, en particulier dans les zones touchées par les conflits, n'ont toujours pas accès à l'école. La pandémie de Covid a également provoqué d'importantes perturbations dans les systèmes éducatifs.

La déforestation, la perte d'habitat et l'extinction des espèces se poursuivent à un rythme alarmant malgré les accords internationaux. Les efforts déployés pour enrayer la perte de biodiversité ont été insuffisants.

Les conflits et la violence continuent de déstabiliser de nombreuses régions, notamment au Moyen-Orient, au Sahel et dans la corne de l'Afrique, mais pas seulement. Cette situation compromet les progrès accomplis dans la réalisation de l'ODD 16 (paix, justice et institutions). Les violations des droits de l'homme, la corruption et l'absence d'institutions fortes restent des défis importants.

Des conflits armés dévastateurs mettent en péril des équilibres régionaux fragiles et la progression des ODD

Le conflit au *Soudan,* qui a éclaté en avril 2023 entre les *Forces armées soudanaises (SAF)* et les *Forces de soutien rapide (RSF)*, a plongé le pays dans une crise humanitaire et politique dévastatrice. Ancré dans des luttes de pouvoir de longue date, ce conflit a entraîné une violence généralisée, des déplacements massifs et l'effondrement des services essentiels. Les civils en sont les principales victimes, avec des milliers de morts et des millions de personnes forcées de fuir leurs foyers, aggravant une situation déjà précaire marquée par l'insécurité alimentaire et l'effondrement économique. La communauté internationale peine à négocier un cessez-le-feu durable, alors que les acteurs régionaux et mondiaux doivent composer avec des alliances et des intérêts complexes. Pendant ce temps, le conflit a sapé la confiance tant dans les institutions nationales que dans les efforts diplomatiques internationaux, suscitant des inquiétudes quant à la stabilité future du Soudan et au risque d'une déstabilisation régionale plus large.

Le *conflit au Kivu,* situé dans l'est de la République démocratique du Congo (RDC), demeure l'une des crises les plus persistantes et complexes en Afrique. Ancré dans des tensions communautaires historiques, la compétition pour les ressources naturelles et la présence de nombreux groupes armés, ce conflit a entraîné une violence généralisée, des déplacements massifs et une souffrance humanitaire sévère. Des factions armées telles que le Mouvement du 23 Mars (M23), diverses milices et des groupes rebelles soutenus par des acteurs étrangers continuent de déstabiliser la région, s'attaquant aux civils, exploitant illégalement les ressources minières et alimentant les tensions transfrontalières entre la République Démocratique du Congo, le Rwanda et l'Ouganda. Le gouvernement congolais et les forces de maintien de la paix internationales peinent à contenir la violence et à assurer la sécurité. Malgré les initiatives de paix et les efforts diplomatiques, la situation au Kivu demeure volatile, marquée par des violations des droits humains, l'insécurité alimentaire et une crise humanitaire croissante.

La réalisation des ODD nécessite des investissements considérables, qui n'ont pas été entièrement réalisés. Les pays à faible revenu, en particulier, sont confrontés à des contraintes financières. La pandémie mondiale a encore accru la pression sur les ressources, en détournant les fonds des initiatives liées aux ODD.

Les ODD représentent un programme mondial ambitieux visant à relever des défis interconnectés qui a perdu de son élan dans le contexte actuel de fragmentation de l'ordre international. Les risques de déstabilisation amplifient la pauvreté qui, elle-même, crée de nouveaux défis en termes de santé, d'éducation, d'infrastructures, d'équipements et d'actions climatiques. La section ci-dessous tente de fournir une analyse de la situation.

II. Les limites et les obstacles : Politiques mondiales incohérentes, financement, responsabilité et manque de volonté

Le dialogue international sur le changement climatique a pris de l'ampleur à Paris en 2015, lorsque les gouvernements nationaux ont convenu de réduire le changement climatique à moins de 2°C, voire de 1,5°C, par rapport à l'ère préindustrielle. Depuis lors, il existe un consensus commun sur le fait que les différentes plateformes de dialogue ont été décevantes dans leur portée et leurs accords, comme le montre l'échec de la COP29 à Bakou en 2024. La trajectoire des émissions de Gaz à Effets de Serre (GES) pourrait conduire à une augmentation de 2°C plus tôt que prévu. Des projections récentes alertent sur la possibilité d'atteindre un réchauffement de 6°C si rien n'est fait pour l'éviter. La température à la surface du globe continuera d'augmenter au moins jusqu'au milieu du siècle dans tous les scénarios d'émissions envisagés. Le réchauffement global de 1,5°C et 2°C sera dépassé au cours du XXIe siècle à moins que des réductions importantes des émissions de CO2 et d'autres gaz à effet de serre n'aient lieu au cours des prochaines décennies (GIEC 2021). Les raisons du manque d'efficacité dans les négociations climatiques peuvent être expliquées par plusieurs paramètres liés à la gouvernance.

La diminution de la confiance dans un ordre international en mutation

L'échec des négociations climatiques dans le cadre des COP annuelles, depuis l'Accord de Paris de 2015, semble refléter un manque de volonté des gouvernements nationaux de se conformer à l'ordre libéral international actuel. Selon Féron et al. (2020), l'ordre international actuel suscite en effet l'insatisfaction des pays du Sud (sous l'angle des inégalités et de la justice climatique), mais aussi des puissances montantes (en particulier des BRIC, y compris les régimes autoritaires de la Russie et de la Chine). Dans ce nouvel ordre multilatéral non fiable mais aussi compétitif, il sera de plus en plus difficile de créer des normes et des codes de conduite conduisant à des mécanismes de responsabilité fiables entre les gouvernements nationaux (et les blocs constitués par le monde occidental, la Chine, la Russie et les économies émergentes). Un nouveau monde multilatéral complexe et multipolaire est en train d'émerger, mais selon les auteurs, ce n'est pas le seul changement actuel. L'ordre mondial international, qu'il soit compris comme multiplex ou multipolaire, intègre une fragmentation d'acteurs importants tels que les villes, les entreprises multinationales, les organisations non gouvernementales et les différentes communautés rendues possibles par les nouveaux développements technologiques. Ce phénomène serait accentué par « la manière dont les rencontres individuelles interculturelles façonnent les cultures des agences, augmentant la fragmentation d'un environnement internationalisé ou mondialisé » (Féron et al., 2020 : xxi). Cela rend de plus en plus complexe le développement d'une compréhension holistique et globale du changement nécessaire pour trouver des solutions aux temps difficiles qui s'annoncent (incertitude, gouvernance et sociétés fragmentées, et changement climatique).

Le retour d'un style de leadership autocentré et dominant avec Donald Trump aux États-Unis et Vladimir Poutine en Russie (avec des limites dans la comparaison toutefois) risque de remodeler la dynamique géopolitique, en renforçant un ordre mondial ancré dans la politique de puissance et les « rapports de force ». Ces styles de leadership donnent souvent la priorité aux intérêts nationaux et à la souveraineté sur le multilatéralisme, réduisant à néant les efforts de collaboration visant à relever les défis mondiaux tels que le changement climatique. Les dirigeants aux tendances unilatérales peuvent considérer les négociations sur le climat sous l'angle de la compétitivité économique et des avantages géopolitiques plutôt que comme une responsabilité partagée, ce qui crée des obstacles au consensus. Par exemple, un dirigeant comme Trump, qui a retiré les États-Unis de l'Accord de Paris dès sa nomination en janvier 2025, va nécessairement ralentir ou inverser les engagements mondiaux en matière de climat, tandis que les politiques de Poutine axées sur l'énergie – qui dépendent des exportations de combustibles fossiles – pourraient entrer en conflit avec les objectifs décarbonation. Tout semble s'acharner contre la mise en place des ODDs, du démantèlement de l'USAID, à la remise en cause des financements pour les institutions onusiennes. La volonté affichée de Donald Trump pour relancer les énergies fossiles et le déni sur l'origine humaine du changement climatique risquent d'accélérer la trajectoire du bouleversement météorologique. Ces décisions impliquent une lourde responsabilité pour les victimes humaines à venir. Une trajectoire irréversible pourrait être lancée. Cette évolution vers une scène mondiale plus conflictuelle pourrait fracturer la coopération internationale, bloquer des progrès cruciaux dans les négociations sur le climat et favoriser une approche « à somme nulle » de la diplomatie climatique. En fin de compte, la résurgence de leaderships impérialistes pourrait remettre en cause l'équilibre fragile entre les intérêts nationaux et l'action collective nécessaire pour faire face à l'escalade de la crise climatique, et retarder les décisions ambitieuses nécessaires pour un avenir durable.

Des politiques incohérentes ou antagonistes : Des initiatives en faveur du climat voient le jour dans le monde entier et s'appuient sur des technologies et des innovations intelligentes. Le secteur de la construction, par exemple, développe des technologies plus écologiques telles que le béton durable, le recyclage des panneaux solaires et les matériaux en terre, qui offrent toutes des voies prometteuses vers des solutions décarbonées. L'émergence d'un ciment bas carbone dans les pays européens, avec sa faible empreinte carbone et son fort potentiel de recyclage, représente un développement encourageant pour la construction urbaine, notamment grâce à sa meilleure résistance aux précipitations et à la chaleur. Toutefois, cet optimisme se heurte à des politiques antagonistes. Les effets négatifs de certaines politiques sur l'adaptation au climat et l'atténuation de ses effets, tels que la déforestation, la pêche non durable et la poursuite des investissements dans les combustibles fossiles et les mines de charbon par le biais de subventions, contrecarrent souvent les avantages des initiatives axées sur le climat. Cette contradiction se manifeste à la fois au niveau international, comme le montrent les défis de la transition énergétique, et au niveau local, où l'expansion urbaine et les demandes agricoles entraînent une déforestation rapide, la destruction des écosystèmes et l'artificialisation des terres. Par ailleurs, les débats sur la pollution liée au raffinage des terres rares et du lithium nécessaires aux batteries (comme à la transition vers des énergies renouvelables) montrent que la question reste complexe. Il n'y a pas de solution facile à l'horizon...

La complexité d'une approche basée sur les risques climatiques. La communication des problèmes complexes liés au climat pose aussi des défis importants. Selon

Moench et al. (2011), les décideurs politiques croient souvent à tort que les acteurs de terrain pourront mettre en place des solutions une fois qu'elles auront été décidées. Cela voudrait dire par exemple que les scientifiques mènent des recherches spécifiquement adaptées aux situations climatiques locales, ce qui arrive rarement dans la réalité, la recherche étant conditionnée par plusieurs moteurs (financier, académique, scientifique, intérêt personnel), facteurs (connaissances, capacités, possibilités d'avoir accès aux données) et limites (temps et outils disponibles notamment). Il ne faudrait donc pas avoir de vœux pieux en la matière, et bien réaliser le fossé énorme qui sépare les intentions de la réalisation. La responsabilité de la mise en œuvre de stratégies d'adaptation au climat éclairées incombe principalement aux décideurs nationaux, régionaux et locaux, ainsi qu'aux acteurs de l'économie mondiale. Une communication et un dialogue efficaces nécessitent des informations adaptées et précises, ce qui est particulièrement difficile dans le domaine des risques climatiques. Le changement climatique et l'adaptation impliquent de multiples questions interconnectées, notamment la gestion de l'eau et des ressources, et la dégradation d'écosystèmes vitaux tels que les océans et les forêts. Malheureusement, les questions environnementales et climatiques, la gestion des ressources, le développement économique, la protection des écosystèmes et l'inclusion sociale ne figurent souvent pas parmi les priorités politiques, tout comme la prévention des risques de catastrophes comme les incendies de forêt dont l'effet dévastateur est extrême sur les communautés et les écosystèmes. La mise en œuvre des politiques implique généralement des compromis, où les préoccupations climatiques, l'inclusion sociale et la protection des ressources sont régulièrement sacrifiées.

Cette explication n'est pas sans rappeler *la fable du Roi qui voulait construire un Pont Impossible* :

Fable du Roi qui voulait construire un Pont Impossible

Il était une fois un roi puissant, mais capricieux, qui aimait tester l'intelligence et la loyauté de ses sujets. Un jour, il convoqua les plus sages et les plus habiles de son royaume et leur ordonna :

– « Construisez-moi un pont qui traverse le grand fleuve, mais sans pierre, ni bois, ni corde. Celui qui échouera sera banni du royaume. »

Les architectes et ingénieurs se regardèrent, perplexes. Comment bâtir un pont sans matériaux ? Certains se mirent à débattre, d'autres cherchèrent à fuir. Mais une personne âgée plus sage demanda un délai avant de répondre.

Quelques jours plus tard, elle revint devant le roi et dit :

– « Majesté, votre pont est prêt. Mais avant de le traverser, je vous prie de me montrer l'ombre du vent et le son du silence. »

Le roi resta interdit. Il comprit qu'il avait posé une exigence absurde et que cette personne sage lui avait répondu avec sagesse.

Mais une autre fable bien réelle cette fois-ci, est celle d'un manque de financement et du gaspillage de fond.

Le manque de financement

Abordons tout d'abord le manque criant de financements sur le terrain. La réalité du développement, est que face aux inondations, et aux tempêtes, voire même face aux feux de forêt, les communautés, les villes et même les états font face à un manque de moyens criants. Nous l'avons vu à Mayotte lors du passage du cyclone fin 2024, qui a ravagé l'île, en Floride où les ouragans Helen et Milton ont entraîné des pertes humaines et matérielles, à Valence en Espagne après les inondations meurtrières de 2024. Les financements seraient là, mais où et dans quelles mesures sont-ils disponibles (et pour qui) exactement ?

Le cyclone qui a ravagé Mayotte, île de l'outremer français est le *cyclone Chido*. En décembre 2024, Chido a frappé l'île avec des vents atteignant 220 km/h, causant des destructions massives. Les autorités ont confirmé au moins 39 décès, mais le bilan réel pourrait être beaucoup plus élevé en raison de la difficulté à comptabiliser les victimes, notamment parmi les populations vivant dans des habitats informels. Le cyclone a également provoqué des coupures d'électricité, des pénuries d'eau potable et des destructions d'infrastructures essentielles, plongeant Mayotte dans une crise humanitaire sans précédent

Le financement que les pays devront investir pour faire face au changement climatique est estimé à environ 9 % de leur PIB pour le développement des infrastructures au cours de la période 2016-2030[68] Lors de la récente COP à Bakou, en Azerbaïdjan, les Nations Unies ont estimé qu'un investissement de 1 000 milliards de dollars par an serait nécessaire.

L'accord adopté propose que les pays développés fournissent 300 milliards de dollars par an d'ici 2035 pour aider les pays en développement à faire face au changement climatique. Ce montant s'inscrit dans un objectif plus large visant à mobiliser 1 300 milliards de dollars par an à partir de différentes sources publiques et privées[69].

Toutefois, cette proposition a suscité des critiques de la part des pays en développement, qui estiment que ce montant ne correspond pas à leurs besoins. Par exemple, la Chine et le groupe des pays en développement du G77 avaient demandé au moins 500 milliards de dollars par an[70].

La disparité entre ces chiffres met en évidence les tensions actuelles et la complexité de trouver un consensus sur le financement de la lutte contre le changement climatique lors de la COP29.

Mais la situation du manque de fonds peut conduire à des arbitrages risqués, en concentrant l'action sur ce que les gouvernements publics peuvent réellement prendre en charge (par exemple, les solutions vertes fondées sur la nature, le tri des déchets domestiques) au détriment des politiques d'adaptation climatique à plus long terme : protéger les populations les plus exposées aux risques (protection des forêts et des océans, programmes de résilience de l'agriculture, protection des transports et des réseaux, plans d'urgence, programmes sociaux, etc.)

Il existe également des critiques justifiées selon lesquelles le financement peut être gaspillé en raison d'inefficacités, de systèmes corrompus, d'un manque de coordination, de la priorité donnée au paiement des élites par rapport aux investissements pour les communautés, et d'administrations manquant de compétences.

Les stratégies locales d'adaptation au climat sont tributaires de financements locaux limités disponibles.

---

68 Investissements dans les infrastructures et objectifs de développement durable.

69 <https://www.politico.com/news/2024/11/22/climate-proposal-would-see-rich-countries-pay-250-billion-a-year-00191216?utm_source=chatgpt.com>.

70 <https://www.ft.com/content/3b4299fc-84cd-4f48-90d1-bbd1a811e07e?utm_source=chatgpt.com>.

La question du financement est également liée à la question de la bureaucratie qui compromet les changements nécessaires à la mise en œuvre de politiques efficaces sur le plan climatique.

La bureaucratie et le gaspillage des fonds

La fable ci-dessous risque de parler à la plupart des experts internationaux dont je fais partie … qui pourraient la reconnaître comme une fable moderne.

Le Roi et le Puit d'Or

Il était une fois, dans le royaume de Solara, une terrible sécheresse. Les rivières s'asséchèrent, les récoltes flétrirent, et le peuple cria famine. Ému par leur souffrance, le roi convoqua ses conseillers.

– « Nous devons agir ! Construisons un grand puits pour apporter de l'eau à tous ! »

La cour royale éclata en applaudissements. L'or du trésor royal fut investi dans le projet. Des architectes, des consultants et des experts étrangers furent engagés. Des études et des rapports détaillés furent commandés, et de somptueux banquets organisés pour discuter des « meilleures pratiques ».

Les années passèrent. Le projet du puits d'or devint célèbre. Des dignitaires de terres lointaines vinrent admirer ses plans. Mais lorsque les villageois voulurent puiser de l'eau, ils ne trouvèrent … rien.

– « Où est le puits ? », demandèrent-ils.

Les responsables baissèrent les yeux, gênés.

– « Eh bien … Les premiers fonds ont été dépensés pour les études préliminaires. Une partie du budget est allée aux coûts administratifs. Bien sûr, nous avons dû engager des experts internationaux pour superviser le projet. Et nous avons construit une magnifique structure, mais malheureusement, nous avons manqué d'argent avant d'atteindre la nappe phréatique. »

Honteux, le roi se rendit enfin sur place. Il découvrit une grande arche en marbre, une plaque brillante listant les donateurs, et un trou sec dans le sol.

Pendant ce temps, les villageois, toujours assoiffés, avaient déjà commencé à creuser de petits puits eux-mêmes, avec des outils simples.

Moralité : Un projet n'a de valeur que par ses résultats. Lorsque les ressources sont gaspillées en apparences plutôt qu'en impact, ceux qui en ont besoin ne reçoivent rien d'autre que des promesses.

De nombreuses études ont montré que l'accès au financement pour les projets humanitaires et de développement, ainsi que pour la recherche et le développement, est souvent considérablement entravé par une bureaucratie excessive et des mécanismes alambiqués d'accès aux fonds, assujettis de nombreuses conditions. Cela peut entraîner des retards, voire une stagnation complète d'initiatives cruciales. Le labyrinthe des procédures administratives, les exigences strictes en matière de documentation et la lenteur des processus d'approbation peuvent saper les ressources destinées à l'aide immédiate ou au développement à long terme. Ces obstacles bureaucratiques ne sont pas seulement frustrants pour ceux qui, sur le terrain, tentent de mettre en œuvre des projets, mais ils compromettent également la durabilité des actions et des programmes, les empêchant d'atteindre les résultats escomptés.

L'aide internationale (par exemple, pour la Commission européenne) a été caractérisée comme un exemple prototypique de bureaucratie. Les règles strictes concernant les demandes de subvention, les obligations de déclaration et la responsabilité financière sont souvent si lourdes qu'elles peuvent retarder des projets cruciaux ou dissuader les candidats potentiels de chercher à obtenir un financement. Les organisations non gouvernementales (ONG), les organismes de recherche, le secteur privé et d'autres bénéficiaires ont du mal à respecter les normes bureaucratiques élevées requises, ce qui détourne l'attention et les ressources de leurs missions principales, les obligeant souvent à consacrer plus de temps et de personnel à des tâches administratives plutôt qu'à des actions directes, comme l'illustre également le rapport Draghi 2024[71].

Toutefois, le problème de l'excès de bureaucratie n'est pas propre à certains bailleurs de fonds. Des problèmes similaires sont signalés pour les financements provenant d'autres grandes agences internationales, telles que les Nations-Unies. Les projets financés par la Banque mondiale, qui jouent un

71 <https://commission.europa.eu/topics/strengthening-european-competitiveness/eu-competitiveness-looking-ahead_en>.

rôle central dans le développement, sont également confrontés à des obstacles bureaucratiques (Banque Mondiale, 2005).

Ce cas est emblématique d'un problème plus large : pendant les crises, telles que les catastrophes naturelles ou les urgences humanitaires, le temps est un facteur essentiel, mais les processus bureaucratiques peuvent ralentir considérablement les efforts de l'aide et de l'assistance, compromettant la vie et la sécurité des populations. Ces retards ont des conséquences concrètes, car ils entravent non seulement l'aide à court terme, mais aussi la viabilité à long terme des projets de coopération. En outre, la nécessité de naviguer à travers les différentes couches de la bureaucratie conduit souvent à des inefficacités, à la duplication des efforts et à une mauvaise communication entre les acteurs impliqués.

Cet enchevêtrement bureaucratique peut décourager les petites organisations ou les initiatives locales de demander un financement international, car elles n'ont souvent pas la capacité institutionnelle de naviguer dans les exigences administratives complexes. Cela crée un paradoxe où ceux qui ont le plus besoin de financement, en particulier dans les régions à faible revenu ou sinistrées, peuvent se trouver dans l'incapacité d'y accéder en raison des systèmes mêmes qui ont été conçus pour les aider. Ainsi, les mécanismes destinés à garantir la transparence, la responsabilité et la bonne utilisation des fonds deviennent parfois des obstacles à une action efficace. En conclusion, si la bureaucratie est essentielle pour maintenir la responsabilité et garantir que les fonds sont correctement alloués, les systèmes actuels font souvent obstacle à des interventions opportunes et durables. Des efforts visant à rationaliser les processus administratifs et à fournir des voies d'accès au financement plus souples et plus accessibles sont nécessaires pour éviter que les goulets d'étranglement bureaucratiques ne compromettent le potentiel d'un changement impactant et durable.

Responsabilité : en ce qui concerne l'adaptation au climat et l'atténuation de ses effets, le problème de plus en plus crucial et complexe deviendra bientôt la question de la responsabilité.

Dans le domaine de l'adaptation au climat, la question de la responsabilité devient de plus en plus critique. Les inondations dans la province de Liège en juillet 2021 et à Valence en octobre 2024 montrent à quel point il est difficile d'identifier les responsabilités après des catastrophes climatiques. Par exemple, l'enquête parlementaire menée à la suite des inondations de Liège a révélé qu'aucun acteur ou organisation spécifique ne pouvait être tenu pour responsable de la catastrophe et de ses conséquences. L'enquête a plutôt mis en évidence une chaîne de dysfonctionnements et de défaillances en cascade : les premiers intervenants n'avaient pas l'équipement adéquat, les maires attendaient des instructions provinciales avant de commencer les évacuations et les autorités responsables des barrages ne sont pas parvenus à optimiser pleinement le contrôle des inondations. Cette situation n'a pas seulement soulevé des questions sur les responsabilités lors de cette inondation sans précédent, mais a également créé une certaine confusion quant à la responsabilité liée aux indemnisations et à la reconstruction, certaines victimes attendant toujours une indemnisation ou un soutien financier. Cet exemple souligne la nécessité de mettre en place des systèmes de responsabilité efficaces dans lesquels tous les niveaux de gouvernement, les acteurs publics et privés sont tenus responsables de leurs actions, de leurs politiques et de leurs décisions.

III. Vers l'émergence de réseaux communautaires de confiance pour mettre en œuvre les ODD et l'adaptation au climat

Une gouvernance efficace ne se limite pas à la création de nouveaux forums de dialogue. Elle exige une élaboration cohérente des politiques et des cadres solides de responsabilisation et d'inclusion sociale.

Les régimes autoritaires prétendent souvent être plus efficaces, arguant qu'ils peuvent agir sans débats ni consultations. Cependant, l'examen des actions et des politiques climatiques des régimes autoritaires actuels, tant au niveau national qu'au niveau des villes, révèle des résultats décevants. L'empreinte environnementale et climatique croissante dans les pays dirigés par des régimes autoritaires, démontre que les systèmes autoritaires ne mettent pas en œuvre l'action climatique et les transitions énergétiques avec plus de succès que dans les démocraties (malgré leur structure de pouvoir hiérarchique). Cet échec est dû aux structures hiérarchiques rigides des régimes autoritaires, qui limitent les solutions de la société civile. La prise de décision au sein de l'élite, limitée par la loyauté envers le régime, étouffe la créativité et bloque les initiatives novatrices de la société civile. Comme l'observe Charles Tilly, « les organisations autoritaires produisent souvent peu d'avantages collectifs, imposent d'importants coûts collectifs et utilisent principalement les ressources pour se perpétuer, sans tenir compte de la souffrance ou du mécontentement de la population » (Tilly, 2005 : 40). Bien que les organisations hiérarchiques puissent générer des avantages grâce à des incitations descendantes telles que la coercition ou le capital, elles ne parviennent pas à favoriser les approches collaboratives nécessaires à une gouvernance climatique efficace.

En revanche, les institutions collaboratives, fondées sur le consentement mutuel de leurs membres, offrent une approche inclusive et flexible. Ces institutions, qu'il s'agisse d'organisations internationales ou d'initiatives locales de gestion des ressources, fonctionnent selon des règles élaborées en coopération. Comme le note Ostrom (1998), une coopération collective durable dépend de trois facteurs de renforcement : la confiance interpersonnelle, la réputation et les normes réciproques. Ces éléments renforcent la responsabilité en favorisant la confiance, le respect et l'adhésion à la loi.

Au niveau local, les « réseaux de confiance » sont essentiels à l'action climatique. Ces réseaux, définis comme des « ensembles de relations délimitées, communiquant entre elles et entraînant des obligations mutuelles » (Tilly, 2005 : 44), s'appuient sur des liens sociaux solides. Les ONG environnementales et les réseaux transnationaux montrent comment les systèmes fondés sur la confiance entraînent des changements positifs. Le partenariat entre les institutions collaboratives – gouvernements locaux, agences climatiques et société civile – et les réseaux de confiance permet de mettre en place des politiques climatiques locales efficaces.

Les approches participatives et l'engagement civique jouent un rôle crucial. Les recherches montrent que la coopération entre diverses parties prenantes – associations de citoyens, organisations à but non lucratif et forums – favorise les efforts d'adaptation au climat (Hegger et al., 2017, Marchezini, 2020). Les Pays-Bas offrent des exemples où les gouvernements locaux ont engagé les résidents dans la gestion des eaux pluviales et la prévention du stress thermique (canicules, vagues de chaleur...). Pourtant, des lacunes subsistent, notamment un faible engagement des citoyens dans la préparation aux inondations et des réseaux de solidarité insuffisants pour la mise en place de mesures proactives (Hamman, 2011).

La pandémie de COVID-19 a mis en exergue la faiblesse des réseaux de solidarité. Les actions de solidarité locale se sont avérées insuffisantes pour soutenir les groupes vulnérables, en particulier les personnes âgées et les jeunes, tandis que les réseaux existants se sont trouvés affaiblis par un isolement imposé. Après les récentes inondations en Europe, des réseaux de solidarité sont apparus pour la distribution de nourriture, mais ils sont restés fragmentés et mal coordonnés. Des problèmes tels que des prix abusifs et des pratiques d'assurance malhonnêtes ont mis en évidence la nécessité de mesures de résilience combinant une meilleure préparation des institutions et des systèmes communautaires solides. De même, le manque d'implication du secteur privé et de la finance dans l'amélioration des énergies propres et dans les solutions décarbonées reflète également un manque de confiance globale (et de réseaux de confiance) dans ce que les autres acteurs vont décider (y compris les gouvernements et les régulateurs).

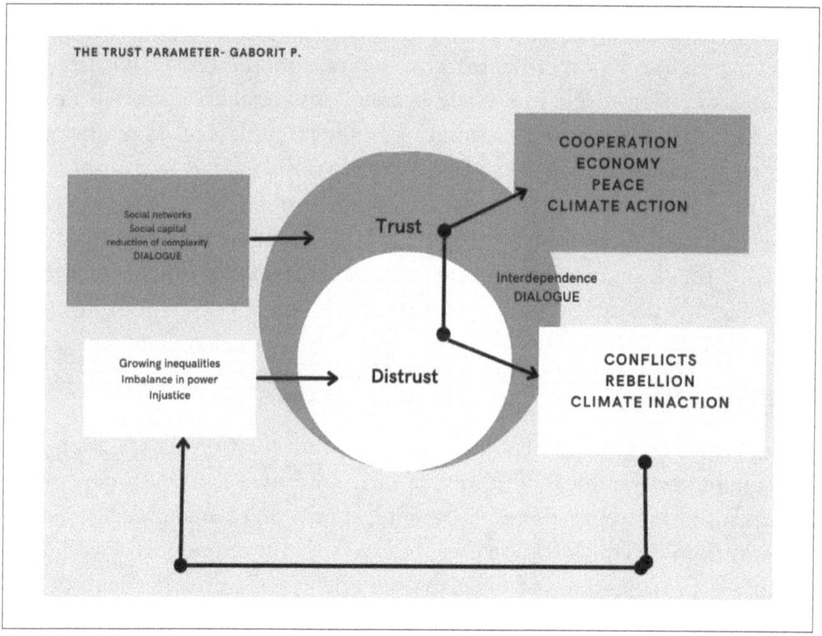

Fig. 5: Le paramètre de confiance. Auteur Gaborit Pascaline

Les efforts collectifs locaux et nationaux envers l'action climatique dépendent de la coopération, des réseaux sociaux et d'une confiance plus étendue pour mettre en œuvre des mesures essentielles. Un système de gouvernance à plusieurs niveaux – avec différents degrés d'action et des organisations institutionnalisées – peut faire progresser les efforts d'adaptation et d'atténuation du climat. Or, ces fondements essentiels sont en train de s'affaiblir. Bien qu'il existe des systèmes de gouvernance à plusieurs niveaux pour faire progresser l'adaptation au climat et l'atténuation de ses effets, leur efficacité pratique n'est pas à la hauteur de leurs promesses.

L'écoblanchiment (le Greenwashing) des entreprises et des gouvernements enraye la confiance du public pour des initiatives « vertes » vides de sens qui masquent l'inaction. Les réseaux sociaux amplifient la désinformation, tandis que des campagnes de désinformation ciblées sèment la confusion, érodent la confiance et divisent l'opinion publique. Au lieu de susciter un sentiment d'urgence partagé, ces forces créent des divisions et bloquent tout progrès réel. De nombreuses organisations, motivées par des profits à court terme ou des avantages politiques, se concentrent sur l'image et le profit tout en retardant une action cruciale face à l'aggravation de la crise climatique.

Cette situation révèle une vérité brutale : les éléments essentiels de l'action collective en faveur du climat, à savoir la confiance, la coopération et la responsabilité, cèdent la place à l'opportunisme et à la tromperie. Si nous ne reconstruisons pas ces fondations et si nous ne luttons pas contre la désinformation, nos chances de réaliser des progrès significatifs dans le domaine du climat s'amenuisent de jour en jour, ce qui nous expose à ses conséquences dévastatrices.

Conclusion

L'adaptation au changement climatique et l'atténuation de ses effets aux niveaux national et local, ainsi que la mise en œuvre des ODD, dépendent fortement des systèmes de responsabilité, et plus précisément de la création d'institutions de collaboration et de réseaux de confiance dotés de codes, de normes et de règles de conduite clairement définis. Ce principe de responsabilité contredit fortement les pratiques en cours caractérisées par le manque de responsabilité des élites dirigeantes vis-à-vis des citoyens et leur recours potentiel à la propagande ou à des données falsifiées. Les différents pays ne respectent pas non plus toujours leurs engagements, leurs économies complexes et leurs systèmes de gouvernance dissimulant souvent des politiques climatiques incohérentes ou contradictoires (telles que la déforestation, la pollution des eaux et des océans et les subventions importantes accordées aux combustibles fossiles). Si dans certains pays les organisations environnementales et la presse peuvent encore heureusement enquêter et dénoncer les effets de ces politiques, la complexité du changement climatique laisse des questions en suspens y compris au sein de la communauté scientifique.

De plus, la société civile a du mal à appréhender et à suivre les enjeux, les problèmes, les solutions et les responsabilités interconnectés, ce qui crée des lacunes en matière d'évaluation et de défense des intérêts environnementaux. Mais que se passerait-il si la société civile était niée noyées sous la désinformation ?

Ces problèmes sont encore exacerbés par les revers politiques mondiaux, tels que le retrait des États-Unis de l'Accord de Paris en janvier 2025. Cette décision a affaibli la solidarité internationale et mis à mal les engagements communs essentiels à la lutte contre le changement climatique, en envoyant des signaux contradictoires sur l'urgence de l'action climatique mondiale. Dans un système mondial de plus en plus polarisé, marqué par l'intensification des tensions et la méfiance croissante, de telles actions exacerbent les divisions et érodent les fondements de la coopération internationale.

En fin de compte, ces fractures entravent le progrès collectif et nuisent de manière disproportionnée aux pays et aux régions les plus vulnérables, amplifiant les effets dévastateurs du changement climatique. Pour combler ces fossés et favoriser une véritable collaboration, il faudra renouveler l'engagement en faveur de la transparence, de la confiance mutuelle et du partage des responsabilités – des valeurs qui restent fragiles mais qui sont essentielles pour l'avenir de la gouvernance mondiale en matière de climat.

Mais Imaginez un monde ravagé par les tempêtes, les inondations et les famines, où l'humanité aurait détruit sa plus grande alliée : la Terre

Références

Afrizal, Berenschot W. et al. « Resolving Land Conflicts in Indonesia », Review essay, *Bijdragen tot de taal, land en volkenkunde* 176, 2020, pp. 561-574.

Banque mondiale. « Rebuilding a better Aceh and Nias: stocktaking of the reconstruction effort », 2005.

Basset T., Fogelman C. « Déjà vu ou nouveau ? Le concept d'adaptation dans la littérature sur le changement climatique », *Geoforum*, 48, 42-53, 2013.

Braithwaite V., Levi M., *Trust and Governance*, Russell Sage Foundation series on Trust, 1998.

De Arauso Arosa Monteiro R., Ferraz de Toledo R., Roberti Jacobi R. « Dialogue Method: a proposal to Foster intra and inter-community Dialogic Engagement », *Journal of Dialogue Studies,* Special issue, Dialogue with and among the Existing, Transforming and Emerging Communities, Vol. 9, 165-183, 2021.

Djalante R., Garschagen M., Thomalla F., Shaw R. (Eds.). *Disaster Risk Reduction in Indonesia,* Springer International publishing, 2017.

Féron E., Juutinen M., Käkönen J., Maïche K. (Eds.). *Shedding light on a Changing International Order: Theoretical and Empirical Challenges,* Tampere TAPRI Press, 2020.

Funtowicz S. « From Risk calculations to narratives of danger », *Climate Risk Management,* Vol 27, 100212, 2020. DOI : <https://reader.elsevier.com/reader/sd/pii/S2212096320300024?token=B6CBEA02054999EE756B04F666D4701C3905CDF460510AD1F52DF26A57DFF692EC212672A58C4D7A49A536076F984FAB&originRegion=eu-west-1&originCreation=20210808171814>, dernier accès 08.08.2021.

Gaborit P., Aleksic A., Marengo P., Diab Y., Pathak K. « 2020 Policy briefs ten Pilot Cities ». <https://www.resilient-cities.com/en/knowledge/175-policy-briefs-for-pilot-cities-2>, dernier accès 31.03.2021.

Gaborit P. « Vulnerabilities and Resilience to Climate Change in Tanzania », in Gaborit P. et Olomi D. (Eds.) *Learning from resilience strategies in Tanzania: an outlook of international development challenges,* Brussels, Peter Lang, 2021.

Groupe d'experts intergouvernemental sur l'évolution du climat (GIEC), « 6th assessment report : Changement climatique : rapport d'évaluation physique », 2021. <https://www.ipcc.ch/report/ar6/wg1/downloads/report/IPCC_AR6_WGI_SPM_final.pdf>.

Hamman P., Causer J.Y. *Villes, environnement et transactions démocratiques,* Peter Lang, Ecopolis, 2011.

Hardin R. (Ed.). *Distrust,* NYC, Russell Sage Foundation, 2004.

Hegger D.L.T., Mees H.L.P., Driessen P.J., Runhaar A.C. « The roles of residents in Climate Adaptation: A systematic Review in the case of the Netherlands' », *Environmental Policy and Governance,* 2017. DOI <10.1002/eet.1766>.

Koch L., Gorris P., Pahl Wostl C. « Narratives, Narration and Social Structure in environmental Governance », *Global Environmental Change,* Vol 69, July 2021, 102317, DOI: <https://doi.org/10.1016/j.gloenvcha.2021.102317, last accessed 23.07.2021>.

Luhmann N. *Trust and Power: Two Works by Niklas Luhmann*. Traduction des originaux allemands Vertrauen 1968 et Macht 1975. Chichester: John Wiley, 1979.

Marchezini V. « What is a sociologist doing here?: an unconventional People centered approach to improve warning implementation in the Sendai Framework for Disaster Risk Reduction », *Int J Disaster Risk*, 2020, Sci *11*: 218-229, <https://doi.org/10.1007/s13753-020-00262-1>, last accessed 12 February 2022.

Misztal B.A. « The Notion of Trust », *Social Theory, Policy, Organisation and Society, 5*:1, 1992, 6-15. DOI: <10.1080/10349952.1992.11876774>.

Moench M., Tyler S., Lage J. « Catalyzing urban governance: applying resilience concepts to planning practice in the ACCCRN Program 2009-2011 », ACCRN publication, 2011.

Mulkhan U., Mayaguezz H., Tisnanta H.S., Kurniawan N. « Urban Analysis Report Pangkal Pinang », 2020. <https://www.resilient-cities.com/en/?preview=1&option=com_dropfiles&format=&task=frontfile.download&catid=41&id=40&Itemid=1000000000000>, dernier accès le 31.03.2021.

Ostrom E. *Governing the commons: the evolution of institutions for collective action*, Cambridge University Press, 1990.

Putnam R. *Making Democracy work: Civic traditions in Modern Italy*, Princeton University Press, 1993.

Rosenzweig C., Solecki W., Romero-Lankao P., Mehrotra S., Dhakal S., Ali Ibrahim S. (Eds.). *Climate Change and Cities: Second Assessment Report of the Urban Climate Change Research Network,* Cambridge University Press New York, 2018.

Szescynski B. « Risk and Trust: The Performative Dimension », *Environmental Values*, pp. 239-252. The White Horse Press Cambridge UK, 1999.

Tilly C. *Trust and Rule*, Cambridge University Press, 2005.

Wijaya N., Nitivattanon V., Prasad Shrestha R., Minsun Kim S. « Drivers and Benefits of Integrating Climate Adaptation Measures into Urban Development : Experience from Coastal Cities of Indonesia », *Sustainability,* 2020, 12, 750, Mdpi.com

Ziervogel G., Pelling M., Cartwright A.A., Chu E., Deshpande T., Harris L., Zweig P. « Inserting rights and justice into urban resilience: a focus on everyday risk », *Environment and Urbanization,* 29(1), 123-138, 2017.

Les obstacles à la confiance dans un contexte de tensions globales

Imaginez un monde divisé par des conflits où seuls les intérêts de quelques-uns prévalent – et où les tensions peuvent dégénérer en conflit à tout moment... La confiance est essentielle – non seulement pour initier l'action, mais aussi pour mettre en œuvre des politiques efficaces, inclusives et durables. Elle constitue le fondement de la collaboration, permettant à des acteurs divers de travailler ensemble vers des objectifs communs, en particulier face à des défis globaux complexes et urgents tels que le changement climatique, les crises sanitaires ou les tensions géopolitiques. Comme discuté dans les chapitres précédents, la confiance joue un rôle crucial dans la résolution des crises, qu'il s'agisse de conflits sociaux imprévus ou de situations marquées par des tensions, des récits polarisants et des campagnes de désinformation. La confiance n'est pas simplement un concept abstrait ou théorique – c'est une nécessité pratique qui sous-tend le dialogue, la prise de décision et l'action collective. Sans elle, même les politiques les mieux conçues risquent de rencontrer des résistances ou d'échouer entièrement dans leur mise en œuvre.

Cependant, nous traversons actuellement une phase géopolitique marquée par une déconstruction systématique de la confiance. Ce « déficit de confiance » se manifeste de multiples façons : l'érosion de la foi dans les institutions, le scepticisme croissant envers les gouvernements et les organisations internationales, ainsi que la montée de récits polarisés alimentés par des campagnes de désinformation. Les rivalités géopolitiques, les clivages idéologiques et le manque de transparence aggravent encore cette crise de confiance, rendant toujours plus difficiles la coopération et la responsabilisation nécessaires pour relever les défis mondiaux. Restaurer la confiance dans ce paysage fracturé est non seulement une obligation morale, mais aussi une nécessité stratégique pour garantir une gouvernance efficace, des progrès significatifs et un ordre mondial plus stable et résilient.

Dans un ordre géopolitique de plus en plus fragmenté et dominé par des luttes de pouvoir, les négociations deviennent à la fois une nécessité et un pari risqué. En période de crise, les acteurs peuvent être contraints de négocier par pure nécessité, mais cette obligation ne garantit ni le succès ni la bonne foi. Les protagonistes des conflits, motivés par des intérêts opposés liés aux ressources, au commerce ou à l'influence, peuvent parfois partager un intérêt à coopérer. Cependant, de tels moments ne surgissent souvent que lorsque la situation est bloquée, et qu'aucune des parties ne voit de solution victorieuse possible. Si les crises peuvent parfois créer des conditions favorables aux négociations, l'équilibre des forces entre les parties et leur véritable intérêt à résoudre le conflit restent des préconditions essentielles (Thuderoz, 2003). Pourtant, même lorsque ces conditions sont réunies, il ne faut jamais présumer que « toutes les parties négocient de bonne foi et sont également dignes de confiance » (Stedman, 2003).

Les négociations reposent intrinsèquement sur la confiance (Thuderoz, 2003), mais cette dernière devient de plus en plus rare dans un monde où les acteurs privilégient systématiquement leur intérêt personnel et l'exploitation des intérêts de court terme au détriment de la coopération. La confiance implique une prise de risque importante : les négociateurs doivent parier non seulement sur la volonté de la partie adverse à respecter les accords, mais aussi sur leur capacité à maintenir leur crédibilité auprès des groupes qu'ils représentent. Comme l'a souligné Niklas Luhmann (1979), la confiance est fondamentalement liée à la prise de risque, mais dans le paysage géopolitique actuel, les risques de trahison, de tromperie ou d'exploitation dépassent souvent les bénéfices potentiels de la coopération. Cela est particulièrement visible dans les conflits sociaux, où les communautés locales se sentent fréquemment trahies par des négociateurs qui privilégient les intérêts privés ou externes au détriment de leur bien-être.

Le processus de négociation lui-même est fragile et vulnérable au sabotage. Les intentions malhonnêtes, les manipulations et les interférences externes peuvent facilement perturber les efforts de construction de la confiance. La théorie des « spoilers » (Stedman, 1997 ; Greenhill et al., 2007) met en évidence la manière dont certains individus ou groupes, ayant un intérêt à maintenir le conflit, s'emploient délibérément à faire échouer les négociations. Ces « saboteurs », percevant les négociations comme une menace pour leur pouvoir, leur vision du monde ou leur contrôle, agissent activement pour faire échouer le dialogue. De plus, certaines parties peuvent recourir à la recherche de boucs émissaires – en identifiant des minorités extérieures ou des groupes vulnérables à blâmer pour le conflit – comme stratégie pour détourner la responsabilité et créer une illusion temporaire d'unité (Deutsch, 1958). Si cette tactique peut renforcer la confiance à court terme parmi les négociateurs, elle perpétue les divisions à long terme et alimente les injustices systémiques.

Le rôle des médiateurs tiers et des institutions dans la résolution des crises est tout aussi difficile. Une médiation efficace nécessite une confiance dans les institutions supervisant les négociations. Cette confiance repose sur la neutralité perçue, la légitimité et le respect partagé des règles, des valeurs et des normes par toutes les parties. Pourtant, dans une époque marquée par une méfiance croissante envers les institutions – alimentée par des actions incohérentes, des biais et des pressions externes – cette confiance est de plus en plus difficile à établir. Les institutions elles-mêmes sont souvent perçues comme les prolongements des luttes de pouvoir, plutôt que comme des facilitateurs impartiaux de paix ou de compromis.

Lorsque les conflits impliquent de multiples acteurs ou des enjeux complexes, qu'ils soient géopolitiques, commerciaux ou sociaux, le dialogue devient un outil critique mais fragile. Bien que le dialogue puisse contribuer à instaurer un environnement plus propice à la confiance, il est souvent insuffisant pour résoudre les crises, surtout dans un monde où la confiance est constamment mise à mal par la manipulation, la désinformation et des intérêts divergents. Sans un véritable engagement en faveur de la coopération et de la responsabilité, les négociations risquent de devenir un nouveau terrain de luttes de pouvoir, ancrant davantage les divisions et prolongeant les conflits au lieu de les résoudre.

Les conflits commerciaux

Les conflits commerciaux surviennent lorsque des pays imposent des politiques restrictives ou des droits de douane qui perturbent la libre circulation des biens et des services, souvent en réaction à des pratiques jugées déloyales ou à des déséquilibres économiques. Ces conflits peuvent découler d'accusations de manipulation de devises, de vol de propriété intellectuelle ou de subventions qui créent des conditions inégales sur les marchés mondiaux.

Alors que certains pays considèrent les mesures protectionnistes comme un moyen de protéger les industries nationales et de préserver les emplois (et de répondre au dilemme de la sécurité de Wheeler), de telles actions provoquent souvent des mesures de rétorsion, entraînant une escalade des tensions. Les guerres commerciales peuvent compromettre la stabilité économique mondiale, perturber les chaînes d'approvisionnement et augmenter les coûts pour les entreprises comme pour les consommateurs.

La résolution de ces conflits nécessite des négociations diplomatiques, l'adhésion aux règles du commerce international et la volonté de trouver des solutions mutuellement bénéfiques. Dans un monde interconnecté, la coopération s'avère souvent plus utile que la concurrence pour atteindre la prospérité à long terme. La guerre commerciale entre les États-Unis et la Chine (qui s'est répercutée sur les autres pays) est devenue une caractéristique majeure des relations économiques mondiales contemporaines, alimentée par des intérêts divergents, des rivalités stratégiques et des dynamiques de pouvoir en constante évolution. Les États-Unis accusent depuis longtemps la Chine de pratiques commerciales déloyales, notamment le vol de propriété intellectuelle, les subventions étatiques et les restrictions sur les marchés à l'importation. Cela a conduit à l'imposition de droits de douane sur des centaines de milliards de dollars de produits chinois, auxquels la Chine a répondu par des tarifs de représailles, intensifiant l'impasse. Pendant ce temps, l'Europe s'est retrouvée impliquée dans ses propres différends commerciaux avec les États-Unis, en particulier dans des secteurs comme l'aérospatial, l'acier et l'agriculture, en raison de désaccords sur les subventions, les déséquilibres commerciaux et l'accès aux marchés. Bien que l'Europe et la Chine se soient parfois alignées pour résister aux politiques protectionnistes des États-Unis, leurs propres différends, concernant des questions comme les transferts de technologie, les droits humains et l'ouverture des marchés, compliquent davantage cette rivalité trilatérale.

Sous la direction renouvelée de Donald Trump, la politique commerciale des États-Unis a pris un tournant encore plus imprévisible, créant une incertitude à l'échelle mondiale. Trump a relancé sa politique « America First », prônant une augmentation des droits de douane, le rapatriement des industries et la réduction de la dépendance vis-à-vis de pays tiers, tout en menaçant de prendre des mesures punitives contre les industries européennes ou indiennes si elles ne s'alignaient pas sur les intérêts américains.

Ces politiques ont perturbé les alliances traditionnelles, rendant difficile pour les partenaires commerciaux de compter sur des accords stables. La volonté de Donald Trump d'imposer des tarifs soudains, de se retirer d'accords commerciaux multilatéraux et d'utiliser le commerce comme levier dans les disputes géopolitiques a encore aggravé les tensions économiques mondiales. Cette imprévisibilité diminue la confiance envers les États-Unis en tant que partenaire économique fiable et oblige les autres pays à ajuster leurs stratégies, accélérant les tendances au découplage et fragmentant davantage le commerce mondial.

Le 1er février 2025, le président Donald Trump a tout d'abord annoncé l'imposition de nouveaux tarifs douaniers visant à lutter contre l'immigration illégale, le trafic de drogue et les déséquilibres commerciaux avant de suspendre sa décision.

L'importation d'aluminium et d'acier par les États-Unis devraient aussi être taxés davantage, alors que le 13 février 2025, le gouvernement américain annonce en supplément vouloir imposer un régime de taxation réciproque sur les importations.. Le 02 avril 2025, le président des Etats-Unis présente à la surprise générale un plan détaillé de mesures tarifaires réciproques allant de 10 à 50% de surtaxe, calculées sur la base non pas des tarifs réels, mais prenant en compte les barrières réglementaires et les différentes mesures de protection des marchés. Si elles avaient été appliquées, ces grilles auraient gravement affecté l'économie mondiale et les pays émergents qui tentent de protéger leur industrie. Après le rétropédalage du président américain pour les mesures visant la plupart des pays, suite à la réaction des marchés financiers, la Chine et États-Unis sont toutefois entrés dans une surenchère de taxes douanières : L'administration de Donald Trump a décidé de surtaxer de 145 % les produits chinois entrant sur son territoire mais en excluant par la suite certains produits électroniques. Le gouvernement chinois a répliqué avec une surtaxe qui atteint désormais 125 % sur les importations américaines. La saga continue et le feuilleton est à suivre…

Ces nouveaux tarifs douaniers marqueurs d'une guerre commerciale devraient entraîner une augmentation des prix pour les consommateurs américains sur des produits tels que les voitures, la nourriture, l'alcool et l'électronique, avec un coût supplémentaire estimé à plusieurs milliers de dollars par an pour les ménages. Plusieurs pays tentent de concilier alors que d'autres annoncent des réponses proportionnées : les représentants canadiens notamment n'ont pas hésité à annoncer des représailles sous forme de tarifs douaniers sur les produits américains[72]. La Chine a surenchéri avec des tarifs rédhibitoires pour les importations américaines sur son marché.

Les économistes avertissent que ces mesures pourraient de manière générale perturber les chaînes d'approvisionnement mondiales, aggraver l'inflation et nuire aux relations entre partenaires commerciaux. De plus, cela rend obsolètes les règles de l'organisation mondiale du commerce (OMC).

Un autre chapitre de ces tensions s'était ouvert avec la décision de l'Union européenne d'imposer des droits de douane sur les véhicules électriques chinois, accusant Pékin de subventions déloyales visant à dominer le marché. Bien que cette initiative reflète les efforts croissants de l'Europe pour protéger sa base industrielle, certains critiques estiment que l'UE a tardé à agir pour sauvegarder ses intérêts économiques et investir massivement dans la recherche et le développement (R&D) éthiques afin de rester compétitive à l'échelle mondiale. Ce retard a laissé les industries européennes vulnérables à la concurrence étrangère et aux bouleversements des dynamiques commerciales mondiales. L'ouverture et la coopération avec le reste du monde reste primordiales[73]. La boussole pour la Compétitivité (*competitiveness compass*), proposée par la Commission européenne le 29 janvier 2025, est un cadre stratégique visant à renforcer l'économie de l'UE et à garantir une prospérité durable. Fondée sur les conclusions du rapport Draghi, elle définit les priorités pour la période 2024-2029, notamment la simplification des réglementations, la promotion de l'innovation dans les technologies vertes et l'intelligence artificielle, le renforcement des infrastructures, ainsi que le soutien aux industries européennes par des investissements et des politiques industrielles. L'initiative propose un investissement annuel de 800 milliards d'euros pour stimuler la productivité et la transition écologique. Cependant, elle fait face

---

72 <https://apnews.com/article/trump-tariffs-trade-china-mexico-canada-inflation-753a09d56cd318f2eb1d2efe3c43b7d4> ; <https://nypost.com/2025/02/01/us-news/trump-begins-long-await-tariffs-on-canada-mexico-and-china/?utm_source=chatgpt.com>.

73 Le Global Gateway est la stratégie d'investissement international de l'Union européenne (UE), lancée en décembre 2021, visant à renforcer les infrastructures mondiales, le développement économique et la connectivité. Elle ambitionne de mobiliser jusqu'à 300 milliards d'euros d'ici 2027 pour financer des projets durables dans les domaines de l'infrastructure numérique, du climat et de l'énergie, des transports, de la santé et de l'éducation.

à des défis politiques et juridiques, notamment la nécessité d'un consensus entre les États membres. Ces révolutions dans les politiques commerciales remettent en cause les règles du commerce mondial, révélant une tendance plus large où les grandes économies repoussent les limites de l'Organisation mondiale du commerce (OMC) afin de protéger leurs industries nationales.

Ces tensions commerciales croissantes ont eu des conséquences importantes. Les chaînes d'approvisionnement mondiales ont été perturbées, les coûts pour les consommateurs ont augmenté, et les alliances internationales ont été redéfinies, les politiques commerciales devenant de plus en plus des outils de stratégie géopolitique. La polarisation des modèles économiques – le capitalisme d'État de la Chine, le protectionnisme axé sur le marché des États-Unis, et le libéralisme régulé de l'Europe – a rendu les négociations multilatérales particulièrement difficiles, laissant peu de place au compromis.

Les sociétés et les pays sont également confrontés à des tensions croissantes, à des forces centrifuges, à des divisions identitaires et à des intérêts antagonistes. Alors que les soixante-dix dernières années ont été marquées par une coopération globale relative et des progrès, l'évolution actuelle soulève des inquiétudes quant aux perspectives de paix, de stabilité et de durabilité. Dans un tel environnement mondial fragile et polarisé, les politiques imprévisibles de Trump et leurs effets en cascade ajoutent une couche supplémentaire de complexité, rendant la confiance encore plus essentielle. Comprendre son rôle dans les relations économiques et géopolitiques est crucial pour analyser les défis à venir et identifier des voies permettant de favoriser la coopération, la stabilité et le développement durable.

Le dialogue peut-il encore être une option ?

Contrairement aux négociations qui sont parfois réduites à un huis clos, le dialogue peut inclure un grand nombre d'acteurs impliqués. Le dialogue se réfère ici à la création d'espaces d'échanges entre les acteurs impliqués dans la résolution de problèmes, conduisant à « différentes façons de penser, de parler, d'apprendre et d'agir » (de Araujo et al., 2021). Il s'agit d'identifier les solutions et les obstacles dans une optique de résolution de problèmes, tout en encourageant l'*échange*. Ce dialogue peut se concentrer sur le commerce, mais aussi sur les questions environnementales, en particulier la gestion de l'eau, en reconnaissant les besoins et les éventuels désaccords sur les valeurs, les idées ou les intérêts. Il peut également intégrer différents récits, résistances, antagonismes et exigences.

Plusieurs auteurs soulignent la nécessité du dialogue pour résoudre les conflits, notamment commerciaux. D'autres notent que les actions constructives découlent souvent de la coopération entre les acteurs impliqués, ce qui entraîne des changements grâce aux interactions. Mais dans un contexte de tensions, de conflits armés, ou de menaces globales, le dialogue peut devenir impossible.

Il existe également un consensus sur le fait que la résolution des défis et des problèmes mondiaux nécessite une coopération entre tous les acteurs impliqués, y compris le secteur privé dans le cas du commerce, mais aussi la société civile. Les forums de dialogue sont nécessaires, mais simultanément, les négociations internationales reculent depuis la crise du Covid 19, lorsque les populations et les pays ont pris conscience de la fragilité des chaînes d'approvisionnement et de la nécessité de protéger leurs propres intérêts. L'optimisme a disparu et, d'une certaine manière, il a lui-même créé des problèmes, car les optimistes avaient tendance à croire que nous pourrions atteindre les objectifs de développement durable, de paix, de prospérité et de climat sans mettre en œuvre le moindre changement. Pour apporter des réponses cohérentes à des problèmes importants, il faut impliquer une multitude d'acteurs impliqués dans des processus de transformation, ce qui conduit à l'élaboration de possibilités d'action. Toutefois, cette coopération se heurte à de nombreux obstacles, la confiance n'étant qu'un facteur parmi d'autres.

Un défi majeur est que plusieurs crises liées à la gestion des ressources ou aux négociations commerciales traversent des territoires géographiques, des communautés et des juridictions gouvernementales différentes. Par exemple, les tarifs commerciaux pour l'Europe sont décidés par la Commission européenne, ce qui diminue la légitimité des gouvernements nationaux vis-à-vis de leur propre population, mais en même temps, les systèmes fiscaux et sociaux sont entièrement nationaux, ce qui peut diminuer la confiance dans l'Europe en tant que système capable de promouvoir des mesures équitables.

Un autre obstacle réside dans le fait que les différentes organisations ont des intérêts, des objectifs et des visions différents, ce qui entrave l'émergence de solutions en faveur de la durabilité. Ce problème a été mis en évidence par plusieurs auteurs (Burch et al., 2014, Van Bruggen et al., 2019, Harris et al., 2017). Il semble impossible d'atteindre simultanément les objectifs d'un pays à toutes les échelles, dans toutes les communautés et dans tous les secteurs, tels que l'eau, l'énergie, l'alimentation, le climat, l'agriculture, la santé, la stabilité, et la cohésion sociale.

Expliquer les obstacles à la confiance

Si nous avons vu précédemment que la confiance est nécessaire pour sortir d'une crise, il est complexe de faciliter des environnements propices à la confiance qui permettraient de sortir de la crise. Les obstacles à la confiance que sont la peur, la suspicion ou l'égoïsme peuvent être des paramètres importants à prendre en compte dans la gestion d'une crise.

Le dialogue schizophrénique est un problème majeur tant dans le commerce que dans les négociations internationales, y compris sur le climat. Le concept de dialogue schizophrénique entre les pays reflète la nature contradictoire et fragmentée des relations internationales modernes, où les États s'engagent simultanément dans la coopération et le conflit. Les nations peuvent négocier des accords sur le climat tout en poursuivant des politiques qui mettent à mal les objectifs environnementaux, ou prôner le libre-échange tout en érigeant des barrières protectionnistes. Cette dualité résulte souvent de pressions nationales et internationales concurrentes, les gouvernements devant trouver un équilibre entre les revendications populistes, les intérêts économiques et les ambitions géopolitiques. Par exemple, des pays peuvent prêter allégeance au multilatéralisme dans des forums publics tout en menant des actions unilatérales à huis clos. Ces incohérences minent la confiance, compliquent les négociations diplomatiques et freinent l'action collective face aux défis mondiaux. Pour surmonter ce discours fragmenté, les nations doivent aligner leur rhétorique sur leurs politiques, en favorisant la transparence, la compréhension mutuelle et l'engagement en faveur de solutions à long terme plutôt que de gains à court terme.

Compromis et perspectives à court terme : Un compromis implique de trouver un équilibre entre un ou plusieurs plans, politiques ou mesures souhaitables mais parfois contradictoires (Grafakos et al., 2019, Gaborit, 2022a). Nos recherches sur le terrain montrent que les politiques et les actions sont influencées par des choix et des priorités, ce qui conduit à des compromis qui se font au sacrifice d'autres secteurs et (Gaborit, 2022). Au niveau international, les questions de sécurité prévaudront également, ce qui est compréhensible. Ce qui est moins compréhensible, c'est que les intérêts économiques de court terme orientés seulement sur les bénéfices de quelques uns, ont la priorité des gouvernements sur les Petites et Moyennes Entreprises, le bien-être social, la santé, la prospérité, l'innovation, et le développement durable. Dans ce domaine, les vues à court terme l'emportent souvent sur les intérêts à long terme. Les interconnections complexes remplacent une analyse globale des problèmes, rendant la priorisation des objectifs parfois opaque.

La sécurité : Le dilemme de la sécurité (Wheeler 2011) est un concept central dans les relations internationales, qui souligne comment les mesures prises par un État pour assurer sa propre sécurité peuvent, par inadvertance, menacer d'autres États, entraînant un cycle de tension et d'escalade. Par exemple, lorsqu'un pays renforce ses capacités militaires pour se défendre, les États voisins peuvent percevoir cela comme une menace potentielle et réagir en renforçant leurs propres défenses. Cette méfiance mutuelle débouche souvent sur une course aux armements, où les efforts pour parvenir à une plus grande sécurité rendent paradoxalement toutes les parties moins sûres. Ce dilemme est particulièrement aigu dans les régions marquées par des rivalités historiques ou face à des technologies émergentes telles que la cyberguerre et l'intelligence artificielle, où les capacités offensives et défensives sont difficiles à distinguer. Pour résoudre le dilemme de la sécurité, il faut instaurer de la confiance grâce à la transparence, et à des cadres de coopération qui permettent aux États d'assurer leur sécurité sans compromettre la stabilité des autres.

Nous contre eux : comme nous l'avons vu dans le cas de la conférence de Bakou, la polarisation croissante de la communauté mondiale entre « nous » et « eux » est dépourvue d'une approche constructive. En effet, la réduction des problèmes à une simple question de « transfert d'argent » entre les pays « riches » et « pauvres », le « Nord mondial » et le « Sud global » peut conduire à des tensions croissantes à l'avenir et être utilisée comme une stratégie de manipulation pour saboter les efforts.

Communication et désinformation : La création d'environnements propices à la confiance nécessite une communication cohérente et fiable pour relever les différents défis et répondre aux attentes. Malgré les difficultés rencontrées pour atteindre efficacement les diverses communautés et parties impliquées, l'absence d'un processus d'engagement cohérent et le fait de ne pas inclure les initiatives communautaires dans les plans locaux peuvent entraîner des coûts et des conséquences élevés. Par exemple, il peut en résulter des solutions techniquement ou socialement inadaptées. Dans plusieurs régimes autoritaires, cependant, la désinformation est devenue la norme, créant une véritable distance entre le peuple et le pouvoir, le premier acceptant que les mensonges fassent partie de l'action du gouvernement. Les questions de l'information et de la légitimité sont toutefois importantes, comme le montre notre chapitre sur la désinformation (chapitre 3). Harris (2017) note que « la recherche et la négociation étant menées à huis clos, la confiance du grand public dans l'expertise scientifique, technique et administrative est vouée à *échouer*. En l'absence de processus plus inclusifs et de mécanismes durables d'apprentissage social, et d'implication du public, même les résultats scientifiques, aussi précis soient-ils, ne parviennent pas à acquérir une légitimité sociale » et sont englués dans les vagues de désinformation. Les actions locales doivent mieux s'aligner sur les réalités, les valeurs et les normes de terrain, ce qui n'est possible que grâce à un engagement solide de tous les acteurs impliqués au niveau local.

La consultation avec le secteur privé, mais aussi avec les communautés, est tout aussi important, en particulier dans les domaines du commerce et de l'environnement. Le secteur privé est souvent impliqué dans la pollution et la déforestation (par exemple, la production de plastique, l'utilisation de l'énergie, le rejet de déchets, la pollution de l'eau et de l'air), mais il est également l'un des moteurs principaux de l'innovation. Une communication et une sensibilisation efficaces sont cruciales, en considérant les bénéficiaires comme des participants actifs au dialogue plutôt que comme des cibles passives de messages. Certains auteurs soulignent les pièges de la communication, qui peut simplifier des situations et diffuser des messages erronés, servant les intérêts de certains acteurs impliqués plutôt que d'autres (Brulle, 2010). La consultation et la sensibilisation nécessitent donc des ressources simples, claires et complètes, accessibles au public. L'absence de messages clairs peut conduire à une méconnaissance des risques ou justifier le déni des impacts climatiques et des causes du changement climatique. Il est essentiel d'impliquer les personnes vulnérables dans les prises de décision pour mettre en place une justice sociale.

La clarté est un défi dans les secteurs complexes, tels que la résolution et la prévention des conflits et l'action en faveur du climat, où les incertitudes sont inhérentes. Les acteurs impliqués ne disposent souvent pas d'*étapes claires pour contribuer aux solutions.* Lorsqu'ils y contribuent, leurs efforts se font souvent à petite échelle, alors que des solutions efficaces devraient être mises en œuvre à plus grande échelle.

Changement et résistance : Le changement et les transformations peuvent entraîner des résistances, de la méfiance, des conflits accrus ou un manque de vision commune. Le processus peut être désorganisé car les groupes poursuivent des objectifs différents. Une participation cohérente des acteurs impliqués peut permettre de résoudre les désaccords, d'explorer différents scénarios et d'aboutir à des visions communes. Ces théories sont étayées par des expériences locales au niveau mondial. La confiance est essentielle pour comprendre une crise, mais la mise en place d'un environnement propice à la confiance est un processus long et difficile, qui exige des parties prenantes et des décideurs qu'ils gèrent les attentes.

Dans un monde de plus en plus fragmenté et polarisé, la confiance reste à la fois une nécessité cruciale et une ressource fragile. Les obstacles à la confiance – enracinés dans les rivalités géopolitiques, les compétitions économiques et les intérêts conflictuels – sont exacerbés par la désinformation, les luttes de pouvoir et les insuffisances institutionnelles. Alors que la confiance est essentielle pour favoriser la collaboration et relever les défis mondiaux tels que le changement climatique, les conflits commerciaux et les crises de sécurité, son érosion approfondit les divisions et alimente l'incertitude. Surmonter ces obstacles nécessite un engagement renouvelé en faveur de la transparence, du dialogue et d'une responsabilité partagée. Sans de tels efforts, les fractures de la confiance risquent non seulement de mettre à mal la coopération mondiale, mais aussi d'aggraver les crises que l'humanité doit affronter collectivement.

Georg Simmel a souligné que, sans confiance, la complexité des futurs possibles paralyserait l'action (Simmel, 1964). Un manque de confiance généralisé pourrait aussi conduire à une « spirale de cynisme » (Cappella et al., 1997).

En sommes-nous arrivés là ? *Mais Imaginez un monde divisé par des conflits où seuls les intérêts de quelques-uns prévalent – et où les tensions peuvent dégénérer en conflit à tout moment…*

Références

Braithwaite V., Levi M. *Trust and Governance*, Russell Sage Foundation series on Trust, 1998.

Brulle R. « From Environmental Campaigns to Advancing the Public Dialogue: Environmental Communication for Civil Engagement », *Environmental communication*, *4*(1): 82-08, March 2010.

Burch S., Shaw A. Dale A., Robinson J. « Triggering transformative change: a development path approach to climate change response in communities », *Climate Policy*, Vol. 4, 467-487, 2014. <https://doi.org/10.1080/14693062.2014.876342>.

Cappella J.N., Jamieson K.H. *Spiral of Cynism*, New York University Oxford Press, 1997.

De Araujo Arosa Monteiro R., Ferraz de Toledo R., Roberti Jacobi R. « Dialogue Method: a proposal to Foster intra and inter-community Dialogic Engagement », *Journal of Dialogue Studies*, Special issue, Dialogue with and among the Existing, Transforming and Emerging Communities, Vol 9, 165-183, 2021. DOI: <10.55207/FWCB1722>, dernier accès le 22.04.2024.

Deutsch M. « Trust and Suspicion », *Conflict Resolution*, 1958, Number 2 (Vol 8).

Fukuyama F. *Trust: the social virtue and the creation of Prosperity* New York, Free Press, 1995.

Fine G.A. « Rumeur, confiance et société civile : Collective Memory and Cultures of Judgment », *Diogène 54*(1): 5-18, 2007. DOI: <10.1177/0392192107073432>.

Funtowicz S. « From risk calculations to narratives of danger », *Climate Risk Management*, *27*, 100212, 2020. DOI: <https://reader.elsevier.com/reader/sd/pii/S2212096320300024?token=B6CBEA02054999EE756B04F666D4701C3905CDF460510AD1F52DF26A57DFF692EC212672A58C4D7A49A536076F984FAB&originRegion=eu-west-1&originCreation=20210808171814>, dernier accès le 08.08.2021.

Gaborit P. *Restaurer la confiance après un conflit civil*, L'Harmattan, 2009a.

Gaborit P. « La confiance après un conflit ou la confiance désenchantée », in Bertho A., Gaumont-Prat H. et Serry H. *Colloque international La confiance et le conflit*, Université Paris Vincennes Saint Denis, 2009b.

Gaborit P. *Learning from Resilience Strategies in Tanzania, an Outlook of International Development Challenges*, Peter Lang, 2021. DOI: <https://www.peterlang.com/document/1152350>.

Gaborit P. « Resilience and Climate Disaster Management in Cities: Transformative Change and Conflicts », *Journal of Peacebuilding & Development*, numéro spécial, Nov. 2022, 2022a. DOI: <010.1177/15423166221128793>.

Gaborit P. « Climate Adaptation to Multi-Hazard Climate-Related Risks in Ten Indonesian Cities: Ambitions and Challenges », *Climate Disaster Risk*, Vol 37, 100453, 2022. 2022b. <https://doi.org/10.1016/j.crm.2022.100453>.

Gaborit P. (Ed.). « Climate Adaptation and Resilience: Challenges and Potential Solutions. Anticipatory Governance », *Planning and Dialogue*, Peter Lang, 2022c.

Giddens A. *Modernity and self-identity*, Stanford, Standford University Press, 1991.

Goodhart D. *The future to somewhere: The populist revolt and the future of politics*. Londres, Hurst and Company, 2017.

Grafakos S., Trigg K., Landaeur M., Chelleri L., Dhakal S. « Analytical framework to evaluate the level of integration of climate adaptation and mitigation in cities », *Climatic Change*, *154*: 87-106, 2019.

Greenhill K.M., Major S. « The Perils of profiling: Civil War Spoilers and the Collapse of Intra State Peace Accords », *International Security*, Vol 31, n° 3 Winter 2006-2007, pp. 7-40, 2007.

Hallegatte S., Vogt-Schilb A., Rozenberg J. et al. « From Poverty to Disaster and Back: a Review of the Literature », *Economics of Disasters and Climate Change* 4, 223-247, 2020. <https://doi.org/10.1007/s41885-020-00060-5>, dernier accès 12/04/2022.

Hansen V.D. *The case for Trump*, New York Basic Books, 2019.

Hardin R. (Ed.). *Trust and Trusworthiness*, New York, Russel Sage Foundation editions, collection on trust, volume 4, 2002.

Hardin R. (Ed.). *Distrust,* NYC, Russell Sage Foundation, 2004.

Harris L.M., Chu E., Ziervogel G. *Negotiated Resilience*, EDGES, Institute for Resources, Environment and Sustainability, University of British Colombia, 2017.

Hodge R., Kress G. *Social Semiotics.* Cambridge, Polity, 1988.

Khodyakov D. « Trust as a process: A Three-dimensional Approach », *Sociology,* London, vol 41, pp. 115-132, 2007.

Lazuech G. « Toute confiance est d'une certaine manière confiance aveugle », Pleins Feux, *Variations* n° 9, 2002.

Lind M. *The new Class War: Saving Democracy from the Managerial Elites*, New York, Portfolio Penguin, 2019.

Livet P. « "Gouvernance et confiance" cycle de conférences », Institut des nouvelles technologies de Namur, 20 janvier 2007.

Luhmann N. *Trust and Power: Two Works by Niklas Luhmann*. Traduction des originaux allemands Vertrauen 1968 et Macht 1975. Chichester: John Wiley, 1979.

Marchezini V. « What is a sociologist doing here?: an unconventional People centered approach to improve warning implementation in the Sendai Framework for Disaster Risk Reduction », *Int J Disaster Risk Sci*, *11*:218-229, 2020. <https://doi.org/10.1007/s13753-020-00262-1>.

Marino E., Ribot J. « Adding Insult to Injury: Climate Change and the Inequities of Climate Intervention », *Global Environmental Change, 22*(2): 323-328, 2012. DOI: <https://doi.org/10.1016/j.gloenvcha.2012.03.001>. Dernière consultation le 23.07.2021.

Misztal B.A. « The Notion of Trust », *Social Theory, Policy, Organisation and Society*, *5*(1): 6-15, 1992. DOI: <10.1080/10349952.1992.11876774>.

Möllering G. *Trust, Reason, Routine, Reflexivity*, Oxford, Elsevier, 2006.

Orléan A. « La théorie économique de la confiance et ses limites », in Laufer R., Orillard M (Dir.), *La confiance en questions,* Paris, édition Harmattan, collection Logiques Sociales, pp. 59-79, 2000.

Oswald M. *The Palgrave Handbook of Populism*, Palgrave Macmillan, 2022. <https://link.springer.com/book/10.1007/978-3-030-80803-7>.

Nyhan R.C. « Changing the paradigm Trust and Its Role in Public Sector Organizations », *The American Review of Public Administration,* Vol 30, pp. 67-105, March 2000.

Perwaiz A., Parviainen J., Somboon P., Macdonald A. « Disaster Risk Reduction in Indonesia », *Status Report UN Office for Disaster Risk Reduction, Asian Disaster Preparedness Centre*, 2020.

Putnam R. *Making Democracy work: Civic traditions in Modern Italy*, Princeton University Press, 1993.

Putnam R.D. « The strange disappearance of civic America », *American Prospect*, n° 24, pp. 34-49, 1996.

Raven J., Stone B., Mills G., Towers J., Katzschner L., Leone M., Gaborit P., Georgescu M., Hariri M. « Urban Planning and Urban Design », in Rosenzweig C., W. Solecki P., Romero-Lankao S., Mehrotra S. Dhakal S. et Ali Ibrahim S. (Eds.) *Climate Change and Cities: Second Assessment.* Report of the Urban Climate Change Research Network, Cambridge University Press New York, 139-172, 2018.

Rodríguez-Pose A. « The revenge of the places that don't matter (and what to do about it) », *Cambridge Journal of Regions, Economy and Society*, Volume 11, Issue 1, pp. 189-209, March 2018. <https://doi.org/10.1093/cjres/rsx024>.

Scott K.D. « The causal relationship between Trust and the assessed value of management by objectives », *Journal of management*, vol 6, pp. 157-175, 1980.

Seligman A. *The problem of Trust*, Princeton, Princeton University Press, 1997.

Simmel G. *La sociologie*, New York Free press, 1964.

Stedman S.J., « Spoiler problems in Peace Processes », *International Security*, Vol 22, n° 2, Autumn 1997.

Stedman S.J. « Peace Processes and the challenges of violence », in Darby J. et Mac Ginty R., *Contemporary Peace Making: Conflict Violence and Peace Processes*, Londres et New York, éditions Palgrave-Mac Millan, 2003.

Szescynski B. « Risk and Trust: The Performative Dimension », *Environmental Values*, The White Horse Press Cambridge UK, pp. 239-252, 1999.

Sztompka P. *Trust a sociological theory*, New York, Cambridge University Press, 2000.

Thuderoz C., Mangematin V., Harrisson D. *La confiance : approches économiques et sociologiques*, Paris, édition Gaëtan Morin, 1999.

Thuderoz, C. *Négociations : essai de sociologie du lien social* Paris, PUF, 2003.

Tilly C. *Trust and Rule,* Cambridge University Press, 2005.

Van Bruggen A., Nikolic J., Kwakkel J. « Modeling with stakeholders for transformative change », *Sustainability, 11,* 825, 2019. DOI: <10.3390/ Su11030825>.

Wheeler N. « Trust Building in international relations », *Peace Prints*, 2011. <https://wiscomp.org/peaceprints/4-2/4.2.9.pdf>.

Wilkinson W. « The Density Divide: Urbanization, Polarization and Populist Backlash », Niskanen Center Research Paper, 2019.

Kolibri 360 GmbH
Ferdinand-Jühlke-Straße 7
99095 Erfurt, Deutschland
produktsicherheit@kolibri360.de

Druck:
CPI Druckdienstleistungen GmbH
im Auftrag der
Kolibri 360 GmbH
Ferdinand-Jühlke-Str. 7
99095 Erfurt